服装设计：基础与创意

李艾远◎著

吉林出版集团股份有限公司
全国百佳图书出版单位

图书在版编目（CIP）数据

服装设计：基础与创意 / 李艾远著 . –– 长春：吉林
出版集团股份有限公司 , 2022.7
ISBN 978-7-5731-1847-9

Ⅰ . ①服… Ⅱ . ①李… Ⅲ . ①服装设计 Ⅳ . ① TS941.2

中国版本图书馆 CIP 数据核字 (2022) 第 137365 号

FUZHUANG SHEJI: JICHU YU CHUANGYI

服装设计：基础与创意

著　　者：李艾远

责任编辑：郭玉婷

封面设计：雅硕图文

版式设计：雅硕图文

出　　版：吉林出版集团股份有限公司

发　　行：吉林出版集团青少年书刊发行有限公司

地　　址：吉林省长春市福祉大路5788号

邮政编码：130118

电　　话：0431-81629808

印　　刷：长春市华远印务有限公司

版　　次：2023年1月第1版

印　　次：2023年1月第1次印刷

开　　本：710 mm×1000 mm　　1/16

印　　张：8

字　　数：120千字

书　　号：ISBN 978-7-5731-1847-9

定　　价：78.00元

前　言

　　本书以实际经验为基础，分为六章对服装设计的基础与创意进行了探究，其中涵盖了服装设计概论、服装设计要素、服装设计的美学原理、服装设计的创造性思维方法从服装构成要素到创意设计，以及服装创意设计。本书知识结构清晰完整、中心明确，注重对服装专业的系统理论知识和创新思维能力的培养，具有较强的针对性和操作性。并且本书在面向新时代服装设计创意性发展的同时，拓展读者视野，希望能够借此提高相关学习者的服装设计能力、艺术鉴赏能力与实践应用能力，也可用作服装设计学习者的相关参考资料。

前　言

目　　录

第一章　服装设计概论

当今人们所说的设计，其实仅发生在18世纪中期欧洲的工业革命之后，至今也只有二百多年的历史。在这之前，手工艺制品是没有单独的"设计"意识的，并且过去缝制衣服的"裁缝"，其实是集设计、剪裁、缝制于一身的手工业者。真正意义上的服装设计，直至19世纪中期才诞生。

服装设计是现代艺术设计的重要组成部分，它的文化形式和艺术形式或直接或间接地反映了当下时代社会潮流的发展趋势。作为人们生活中不可缺少的一部分，服装带来了精神与物质、审美与物质功能的多样属性。它是人类发展和时代进步的有机产物，不仅有利于人们创造良好的生活方式和氛围，也是提高人们生活质量和生活品位的重要手段与途径。

第一节　服装设计的内涵与构成

服装设计作为涉及领域极其广泛的一门边缘学科，它与艺术、文学、历史、哲学、宗教、美学、心理学、生理学及人体工学等社会科学和自然科学都密切相关。这种兼具复杂性与综合性的艺术形式不仅覆盖了一般实用艺术的应用共性，并且在内容、形式和表现手法方面也有其独特的属性。

一、服装设计与相关概念界定

（一）服装设计

真正意义上的"设计"一词，是工业化大生产时期所创造的。工业革命带来了劳动分工精细化和生产过程复杂化，同时也造就了设计师这个职业。英文中的"design"有设想、运筹、计划、预算等含义，原意是指人类为实现某种特定的目的而进行的创造性活动。对于现代设计这一概念，1964年"国际设计讲习班"为其下了一个权威性的定义：设计是一种创造性的活动，其目的是确定工业产品的形式性质。这些形式既包括产品的外部特征，也包括产品作为一个消费品的结构与功能的关系。而对于服装设计，它意味着在特定的社会、文化、科技环境下，根据人们的审美和物质需求，运用特定的思维形式和审美原则来设计的方法。一方面，服装设计可以解决服装在穿着过程中遇到的功能性问题；另一方面，服装设计可以将审美创意设计理念传播给大众。因而，从上面的论述中可以得知，服装设计就是将对于服装款式的设想实现为可进行穿着的服装的整个思维过程。

因此，服装设计不仅包括画图和构思设计，还包括其他许多相关的工作流程。例如，在选材过程中，若所需的颜色或材料因无法找到而只能更换面料，也就意味着需要对设计图进行相应修改。进入服装成型的制衣阶段后，在某些环节可能需要对设计进行一些较小的修饰和更改，这时也需要更改设计图。这样看来，服装设计的内容与外延应同时包括服装的款式设计与结构设计、裁剪和服装缝制工艺技术设计。

根据设计的内容和性质，服装设计可分为服装的造型设计、服装的结构设计、服装的工艺设计、服装设计和配饰设计。从服装设计角度看，服装设计是服装设计师根据设计的对象要求进行实物设计构思，通过绘制服装效果图、平面款式图与结构图进行实物成品制作，从而完成服装整体设计的整个物理设计全过程。其中，先用绘画的方式将设计构思清晰准确地展示出来，然后选择相关主题素材材料，遵循一定设计理念，经过科学的剪裁和缝纫方法，将其从概念化转变为实物。

因而，一般来说，服装设计可以分为两大类：服装的成衣设计和高级时装设计。服装的成衣设计通常针对特定的某一消费群体，如可按地区、职业、性别、年龄、审美需求划分，进而再详细地区分不同的消费层次。与服装的成衣设计相比，高级时装设计的消费对象更为有限。两者间的主要区别在于：服装的成衣设计是为某一特定人群设计的；而高级时装设计往往是针对某一个具体的人。

（二）衣服

衣服即包裹人体的衣物，一般不包括冠帽、头饰和鞋子等物。

（三）衣裳

"衣"一般指上衣，"裳"一般指下衣，即"上衣下裳"。衣裳的定义可以从两方面理解：一是指躯干上下部分衣装的总和；二是按照当地惯例习俗所制作的服装，如民族服饰衣裳、古代新娘服饰衣裳、舞台服饰衣裳等，也指能代表民族、时代、地方等的特有的服装。

（四）成衣

成衣指的是近代社会据标准号型系列大批量生产的成品服装。这个概念来源于裁缝服装店定做的衣服和在家里自制的衣服。当下，在服装商店和各大商场里购买的服装通常都是成衣。

（五）时装

时装指的是一种新颖、时尚的流行服装，它在一定的时间和空间上被相当多的人所接受，并在款式风格、造型、色彩、缀饰装饰、纹样等方面一直需要不断创新，也可以理解为时尚和富有时代感的服装。当然，时装是与古代服饰和生活中已定型于生活中的衣服形式相对而言的。因此，时装至少包括三个不同的概念，即fashion（时尚）、mode（样式）和style（风格）。

二、服装的特征与构成要素

（一）服装的特征

随着现代服装业的快速发展，服装设计的内容和形式已成为服装生产链条灵魂的一部分。从服装设计的角度来看，它不仅是服装生产的首要环节，也是服装生产过程中最重要的中心环节。作为针对不同人群的视觉服装设计，特定人群的外部和内部心理特征直接或间接地限制了服装设计的特点。这种集科技、文化、物质于一体的设计艺术，不仅是物质与精神的双重升华，而且是从抽象到具体的一系列转化。

但事实上，服装业的发展要满足时尚化与个性化服装的要求，应该在一定的基础上并有所超越：从服装静态形态到动态形态的转变，从和谐到有机形态的转变，最后自然地转变为自由的最高形式。

1. 静态的—动态的形式

当将衣服挂在墙上或是放进储物柜里，抑或拍成图片印在书上，因为不能移动，所以这样看来是静态的。但衣服不只是要挂在墙上，还要进入人的生活。穿在身上的衣服不仅仅具有使用功能，还兼具舒适性、合体性、立体性和时尚个性，就会让人感觉到它是鲜活、有生命力的一种动态新形式。

2. 和谐的—有机的形式

传统美学告诉我们，和谐是形式美的最高要求。通常，裁缝师认为和谐是世界的协调一致，因此制作出来的衣服没有变化且平平无常。在我们的生活中，其他产品处于这样的和谐状态也不在少数。但是，有机和谐的服装意味着在设计中添加更多对比和变化，并最终完成多样性的统一，在不协调的情况下将这种和谐升华为有机形式。

3. 必然的—自由的形式

不可避免的是，服装的必然形式通常十分普遍，一件合理的衣服由两个前身片、一个后身片、两个袖子、一个领子组合而成。但是，动态有机的服装形式是自由的，必须有生命力。服装大师的设计是一种创造，在创造中，不可避免的必然形式可以预知，自由的形式介于能够预知与不可预知之间。服装大师的设计已经发展成艺术的创造，在有了设计方案后，就要不断经历反复试验和修订的过程，甚至直到衣服成品制作出来仍在修改。成品很理想，但不像人们开始所期望的那样，这就完成了从必然到自由的不可预知性。

因此，在服装设计中，不同的造型元素之间有一定的内在联系并相互制约。例如，不同的面料和颜色反映不同的服装风格，不同的裁剪方法反映不同的服装廓形，也会因此产生不同的视觉效果，这取决于不同的缝纫技术。这些环节相互呼应、紧密相连。因此，服装设计不仅是对上述元素的综合完整设计，也是对人们服装整体状态的完整视觉控制设计。在设计过程中，我们必须始终考虑服装与环境的和谐统一关系，以及造型与色彩的依赖与融合。

（二）服装设计的构成要素

服装设计主要由款式风格、色彩和面料三个元素组成。

首先，款式是服装造型的基础，也是服装三个组成部分中最重要的部分，它的功能主要在主体架构上有所体现。

其次，作为在服装设计整体视觉效果中最突出的重要因素，色彩不仅可以渲染和创造服装的总体艺术氛围和审美艺术感受，还能给用户带来不同服装风格的体验。

最后，面料是体现款式结构的重要方式。不同的服装风格、款式需要运用不同的面料进行设计，从而达到服装整体美的和谐性与统一性。

在不同的服装设计风格中，对上述三个元素的把握、理解程度和获取角度也不同。因此，在服装设计过程中，这三个要素既相互依存又相互制约。服装设计师应在了解国际时尚潮流趋势的基础上进行深入的市场调研，充分了解消费者的审美心理和物质需求，以及其对款式、色彩和面料的实际要求。同时，从众多消费者的需求出发，分析总结了统一、带有通用共性的设计元素，以此作为设计的重要依据。此外，设计师还应考虑工艺实施流程的标准性和可操作性，以降低成本，节约资源，提高批量生产的效益。

第二节　东西方服装设计的发展历程

在东西方服装设计的发展过程中，服装经历了一个从"遮羞布"到时尚元素的漫长过程。服装的发展与社会历史文化变迁密切相关，服饰文化可以看作是社会文化的直观视觉表达。作为世界服装的重要组成部分，东西方服装的发展变化直接受到其各自文明传播的影响。

一、服装设计的由来

在人类的农耕时代，由于生产力低下，交通、通信不发达，生活节奏十分缓慢，一种服装款式几乎延续上百年的时间也不会改变。那时，有钱人家雇裁缝到家里量体裁衣，而一般人家是自家缝制衣物，缝衣服的手艺也是代代相传的。

19世纪中期，年轻的英国裁缝在法国巴黎开了一家为中产阶级和政要权贵提供量体定制服装的裁缝店，并且还为前来裁制服装的客人设计好许多款式的样衣以供挑选。这位裁缝就是查尔斯·弗莱德里克·沃斯（Charles Frederick Worth），后被誉为"时装之父"。沃斯是世界上第一个将裁缝服装行业从宫廷和豪华住宅转移到社会，并能够独自设计和营销的裁缝。同时，他也是第一位整合设计、剪裁和缝制技艺于一体的设计师。从沃斯开始，服装业已经进入了一个设计师主导潮流的时尚新时代。

二、东方服装设计发展历程

在东方服装的发展过程中，东方传统思想文化中独特的内敛与含蓄特质对服装文化产生了深远影响，也造就了东方服装端庄风雅、宽衣博带的特点。这种服饰的特点是不显露出人体曲线，具有强烈的东方美学特性和神秘感。

迈进21世纪，随着社会经济的强劲发展，人们在对服装的需求上逐渐转变为自由和开放。东方服装发展也呈现出国际化、多民族化发展态势。其中，东方服装最具有代表性的有中国的汉服和旗袍、印度纱丽、日本和服、中东国家的长袍等。

（一）中国传统服饰

由于统治阶级的民族变迁，中国服装在不同时期经历了阶段性的变化。同时，各民族保留了自己独特的服饰，形成了服饰文化体系。就形制而言，有两种式样风格：上衣下裳型和衣裳连属型。这两种式样风格通常搭配使用，有舒适、自由的优点。就装饰纹样来说，通常使用动物和植物纹样图案，不同纹样上的差异也表明穿着者的身份和地位。纹样可以用抽象和现实的方式表达。色彩上，通常以赤、黄、青、白、黑五种为主，辅以其他中间色，具有古朴大方、严肃庄重的特点。同时，服饰上对色彩也有严格的使用等级规范，象征着社会地位与身份。可以看出，中国传统服饰充分体现了矜持、中庸、重视礼节礼仪的民族文化，也极大地影响了其他东方国家服饰文化的发展。

（二）日本传统服饰

日本的传统民族服装被称为和服，它是由隋唐时期的中国服装演变而来的。和服不仅保留了中国服装的一些特点，而且在此基础上做了一些相应的改变，形成了具有代表性的日本独特风格的民族服饰。

在唐代，中国传统服饰跟随着遣唐使者带入日本。起初只有上层的达官显贵才有机会穿着；后来，这种带有唐代韵味的贵族服饰被日本人精心改造后，呈现出独特的视觉美。其中，改造的地方有加宽和加长衣袖、腰部束紧、衣身加长等，在人穿着时以紧贴衣身的形态，体现人体线条之美。经过重新设计改造后，日本人就将这种服饰确定为日本民族服装，也就是现在看到的和服。

（三）其他东方传统服饰

除上述一些极具东方特色的传统服饰之外，埃及、中东及远东等国家的传统服饰也颇为精美。例如，阿拉伯国家的袍服、泰国的纱笼、印度的纱丽等服饰都具有相当鲜明的民族特色。

传统的阿拉伯男式长袍通常长及脚踝处，宽松且长，大多是白色的，虽也有其他浅色，但绝无深色的。在当地有显赫身份地位的男性，或者在参加正式活动时，还会戴一条长达肩部的白色头巾，头顶附加一圈环箍。当阿拉伯男性身着传统长袍时，他们总是穿拖鞋并且不穿袜子，这是阿拉伯国家特殊的地理位置和炎热的气候造成的。即便在一些重要的正式场合，他们也只穿着皮拖鞋。虽然各种长袍款式都大同小异，看起来服装风格相似，但阿拉伯男性穿的白色长袍并不是千篇一律的。

实际上，每个国家大多有自己特定的款式和尺码，如被称为"冈都拉"的男袍，几乎就有不下十几种的款式。例如，阿联酋款、沙特款、苏丹款、科威特款、卡塔尔款等；更有从中衍生出来的摩洛哥款、阿富汗套装等。

阿拉伯男人在冬季也会穿着质地较为厚重的服装。天气特别冷时，他们还会戴一顶白色钩编的、被称为"加弗亚"或"塔格亚"的无檐小帽，然后再覆盖上一种名为"古特拉"的白色棉布，有时也是红白相间的羊毛织物。其中，很多服装形式都与古希腊时期服装非常相似，说明两者在一定程度上相互影响，并且有着共同的历史渊源。

三、西方服装设计发展历程

从西方服装的发展轨迹来看，它经历了两次较大的转变：一种是从古代南方的宽衣型服饰向北方的窄衣型服饰转变；另一种是从农业文明服装形式向工业文明服装形式的转变。

西方时装诞生于法国巴黎。1904年，法国设计师保罗·布瓦列特（Paul Poiret）以东方和欧洲古典女装为参照设计出了新的女装，他废弃了使用了近200年的紧身胸衣，并定期推出自己的时装系列，成为世界上第一位具有现代意义的设计师。

这个时期的一些法国服装设计师，如玛利亚诺·佛图尼（Mariano Fortuny）、捷克·杜塞（Jacques Doucet）、简·帕昆（Jeanne Paquin）等大师都对时装的形成起到了重要的促进和推动作用。

从1910年到1919年间，由于社会的巨大变化，女性坚持从束缚型服装中摆脱对自己身体的压迫。这种带有"女权主义色彩"的社会潮流促进了时装的发展。其中，能够供女性穿着的裤装首次作为正式的服装组成部分呈现在公众视野中。这一里程碑式的变化给女性时装设计带来了重大变化，新一代设计师由此诞生，如爱德华·莫利纽克斯（Edward Molyneux）、让·帕图（Jean Patou）、玛德琳·维奥内（Madeleine Vionnet）等。到目前为止，西方时装设计经历了从早期萌芽到成熟的转变。

1920年至1939年被称为"华丽时代"，在这个时候，西方服装已达到第一个高峰，与此同时出现了世界上第一位时装设计师可可·香奈儿（Coco Chanel）。香奈儿利用这个品牌为媒介，通过精致的设计使时装成为一种社会潮流。从1930年到1939年，还有其他设计师注意到了优雅的风格，如尼娜·里奇（Nina Ricci）、梅吉·罗夫（Maggy Rouff）、马萨尔·罗莎（Marcel Rochas）、路易斯·布朗格（Louise Boulanger）等。这一时期，女装改革的核心从黑色上衣外套转变为白色宽大上衣外套，这与过去十年形成鲜明对比。值得注意的是，由于当时的电影业也发展迅速，对时装业产生了很大的影响，推动了整个时装产业的发展。

从20世纪40年代到20世纪60年代，西欧经历了残酷的第二次世界大战和战后恢复的艰难时期。虽然这期间时装业受到了严重影响，但它仍在困难中发展。战后初期，在克里斯托瓦尔·巴伦西亚加（Cristobal Balenciaga）和皮埃尔·巴尔曼（Pierre Balmain）等设计师的领导和号召下，法国时装业继续在发展过程中研究探索，更加强调优雅的风格，并让时装设计逐渐恢复。

1947年，时装设计大师克里斯汀·迪奥（Christian Dior）以复古优雅的风格，适时推出了"新风貌"（New Look），从而被誉为"温柔的独裁者"。除了"新风貌"先声夺人的优雅，女性内衣的改革也具有里程碑式的纪念意义。

在这个时装设计的黄金时代，出现了许多世界著名的时装设计大师，如休伯特·德·纪梵希（Hubert de Givenchy）、瓦伦蒂诺·加拉瓦尼（Valentino Garavani）、路易斯·费劳德（Louis Feraud）等。特别是这一时期时装设计的焦点还包括鸡尾酒会礼服和婚纱。此时，服装产业开始形成规模，时装设计的流程和产业结构开始向程式化方向发展。

在达到巅峰时代后，西方服装开始转入一个动荡的时代。在"反文化、反潮流、反权威"的意识形态下，这一时期的时装逐渐走向非主流，寻求一种不局限于风格特色的时尚艺术表达方式。同时，这一时期出现了伊夫·圣·罗兰（Yves Saint Laurent）、皮尔·卡丹（Pierre Cardin）、伊曼纽尔·温加罗（Emanuel Ungaro）、卡尔·拉格菲尔德（Karl Lagerfeld）、盖伊·拉罗什（Guy Laroche）和玛丽·昆特（Mary Quant）等设计师的个人风格和审美主张。他们的设计开创了时装设计的"新异化时代"，引领时装进入一个更具艺术魅力和社会思潮相结合的新阶段。尽管时装设计在当时引发了强烈的震撼性影响，对主流文化造成巨大冲击，改变了潮流的势头，但它仍然无法抵御商业价值化的趋势。

20世纪以来，西方服装从"放弃紧身衣"到"露出腿和脚"，从"强调曲线美"到"性别概念化"，一直处于变化之中。尽管这些表现形式不同，但目标始终相同。特别是进入21世纪以后，服装行业也呈现多元化发展趋势。秉持独立原创理念的西方设计师层出不穷，不仅引导着各种风格的时尚文化不断进步，也为全球服装产业的更进一步发展奠定了良好基础。

四、我国当代服装设计发展现状

现如今，由于社会经济的飞速发展，人们对于服装审美的眼光也在逐渐提高，因此对服装也有了更为主观的认知与评判标准。过去，服装仅仅具备了物质属性，满足了人们对于服装功能性的要求。而今，人们更是着重要求服装的外在精神属性，通过自己的喜好来选择服装，彰显时尚个性。

20世纪80年代，随着社会逐步开放，人们改变了过去沉闷而单调的服装风格款式，模仿西方穿着牛仔裤和短裙及其他能够强调个性和自由的服装，服装风格已经开始向多样化转变，样式也不再受到局限和束缚。各种各样款式的裙子由此出现，如一步裙、雨伞裙、迷你裙、短裙等。此外，裙子的颜色不再局限于绿色、黑色、灰色和蓝色，变得更加丰富、夸张和高度个性化。

在发展服装品牌时，人们追求更为知名的品牌和高端服装。他们认为，国际名声越响、越昂贵的衣服，越能展现自己的品位和时尚感。有些人甚至完全忽视了昂贵的价格是否超出了他们的消费能力，并逐渐形成了一种不良的攀比和炫耀的风气。这些现象在当下年轻群体中更为普遍。

与寻求"名牌效应"不同的是，"文化衫"在20世纪90年代兴起。虽然它的质地只不过是一件普通的棉质汗衫，但各种定制图案或象征性符号文字赋予了这种服装一种新的视觉吸引力。它允许社会上更多的大众消费者在不购买昂贵品牌服装的情况下展示自己的个性。文化衫的选择多种多样，人们不仅可以选择不同类型的图案，还可以在衣服上打印自己喜欢的图案或符号文字。无论是卡通形象、山水风景画还是独特的符号或文字，都可以通过自由的表达展现自己独特的人格魅力。

在服装生产方面，我国的服装生产不仅可以借助电子技术简单地实现样品的筛选、模型的比较和成分检验，还可以使用机器代替人工，从而提高效率，节省成本和时间。另外，全息设备用于快速记录客户的身体数据，并输入客户的喜好、风格设计特征和适应场合的服务要求，包括面料、款式设计、颜色等细节，使制作的服装适合客户。同时，还可以用计算机制作顾客穿着服装的三维图像显示在屏幕上，为顾客提供参考。这种高科技的服装制造技术取代了传统的量体定制裁衣等传统工艺技术。值得注意的是，这种方式带来一定效率上的提升，并提高了客户对成品的满意率，但其在过程中或多或少缺乏工艺精神的内在魅力。

在服装面料方面，随着人均自然资源的减少，棉、麻、丝和羊毛等天然纤维的价格变得越来越昂贵。因此，由天然纤维制成的衣服的价格也将变得越来越高。但随着科学技术的发展，合成纤维以其产量大、物美价廉的优势成为人们日常穿着服装的首选面料，也受到了众多消费者的青睐。

目前，服装市场上各种款式和类型的服装层出不穷，时尚潮流趋势也在不断更新。这就要求现代服装向着更加多元化和高品质的国际主流时尚发展。对我国来说，服装的风格款式、色彩和面料将逐渐贴近先进服装理念。同时，我国还将打造具有民族特色的服装品牌。总之，在未来，我国服装将融合中西方共同的服装文化特色，变得更加多样化。

第三节　服装设计师的专业素养

在新一轮的服装设计浪潮中，如何面对服装艺术、欣赏和感受服装本身的语言，已经成为当前网络新媒体时代经济关注的"眼球之战"。一方面，服装设计师自身需要有良好的审美观；另一方面，服装本身也必须具有时尚美观和优雅低调的双重属性。因此，服装设计师在设计服装时，不仅不能忘掉自己的本真，还要体现他们想要在设计中表达的精神内涵。

一、服装设计师的分化与演变

随着科学技术的发展和社会文明的进步，人类在艺术设计上的表现形式也在不断演变。信息化时代，人类文化交流的方式与过去相比也发生了重大变化，僵化的产业界限正在逐渐弱化。极富创意的视觉形象与色彩在服装形式的对比中，继续以各种姿态释放出来。服装艺术呈现出越来越多的设计形式，令人眼花缭乱。

服装设计师在执行整个设计任务的过程中，不仅要从个人美学的角度满足个人的审美需求，还要不断思考、改进和创新社会经济、科技、情感审美的多样化需求。当然，这些价值理念也存在一些矛盾和特殊性。服装设计是物质生产和文化创造的重要产物，它以文化形式作为中介，以一定的设计理念进行设计。由于不同的社会文化会产生不同的服装形式，使用相似的服装设计构思但遵守不同的社会规范将产生完全不同的设计风格。

目前，一些概念性设计正在服装行业涌现。在设计过程中，设计师必须不断遵循"设计与设计间矛盾与对立"关系的原则，才能在协调中满足需要。这就决定了服装设计师不仅要具备服装艺术设计的综合素质及实力，还要让自己具有强烈的创新意识、市场观念、果断的决策能力和应变能力。

总而言之，在服装设计过程中，服装设计师要善于通过富有创造性的设计理念与思维方式来强化服装本身的艺术视觉效果。服装设计得成功与否，时常取决于设计师自身的艺术审美品位、综合文化素质及利用和把握各种艺术造型要素的能力强弱。

二、服装设计师的基本知识结构

随着改革开放政策的实施，中国服装业发生了翻天覆地变化，并在几年内成为世界上最大的服装出口国和制造生产大国，人们的日常着装也渐渐显露出五彩缤纷的景象。然而，这一进展只是与过去的纵向比较，但如果与发达国家进行横向比较，仍有一定的差距。到目前为止，中国服装业在资本、品牌、设计和营销方面都缺乏国际竞争力。多年来，由于经济高潮下市场对服装设计的需求，年轻设计师在没有足够的思想认识和业务准备的情况下迅速展开工作，导致疲于应付的局面，使得服装更难获得良好的发展机会，这无疑是设计力量和设计水平非常薄弱的原因。

因此，在服装设计积累的初级阶段，设计师首先应该借鉴大师的优势，从优秀作品中汲取设计灵感和营养。然而，这并不是照搬和拼凑的同义词，而是通过学习设计大师的优势与自身优势结合后进行独立思考和设计。此外，在服装设计过程中，裁剪和制作工艺不仅是服装设计的重要基础，也是设计意图展露与表达的重要手段。然而，这并不意味着学习裁剪和制作服装就是真正在学习服装设计，掌握了这些基础知识只能表明学会了应用一种可以用来表达设计意图的工具。因此，从服装设计的实践过程来看，绘画设计图只是设计的起步阶段，那些不知道如何将自己的设计意图变成现实的、只会"纸上谈兵"的人无法在激烈的市场竞争中生存。

因而，作为一名现代服装设计师，应当具备艺术素养、文化素养、专业知识素养和心理素养。下面分别对其进行阐述。

（一）艺术素养

有一定高度而全面完整的艺术素养不仅是创造力实现的基础，也是一个合格设计师必须具备的素质。要知道，一个人是否有潜力成为设计师，我们必须首先检测他是否具有美感。而所谓美感，是指在欣赏和评价客观现实在艺术中的反映时产生的各种情感。法国艺术理论家迈耶·夏皮罗（Meyer Schapiro）认为："创作令人满意的、审美上受欢迎的作品需要的是天赋、直觉和智慧。"而他口中的天赋即为人们常说的美感。

虽说美感与天资、智慧有关，但它首先取决于后天的培养，这意味着丰富自身的生活内容，提高艺术修养。所以，设计师更应该有一双善于从别人习以为常的普通事物中发掘美的眼睛，以及一双能够创造出精美"艺术品"的灵巧的手，从而能够发现美、创造美。因此，设计师应该不断尝试涉猎不同的艺术门类，接触高雅的艺术环境，以此做到触类旁通，提高欣赏和鉴别的能力，并从中汲取创作灵感。也可以这样说，没有艺术修养就没有美感，没有美感也就不能成为设计师。

阿尔及利亚设计师圣·罗兰，被认为是极端神经质的人，但却极其富有想象力，这一切都与他生活中的爱好无法分割。因其喜爱绘画艺术和收藏名画，他的搭档皮埃尔·贝尔热（Pierre Berge）便带他进入自己交友广泛的艺术朋友圈，其中包括画家、作家、诗人、剧作家、导演等。圣·罗兰的公寓里也摆满了蒙德里安、毕加索和马蒂斯等著名艺术家的作品，这也极大地拓展了他的视野和想象力。

因此，对于其他类型的艺术，设计师也必须以艺术家的视角来欣赏，例如对于电影和电视，设计师应该从艺术分析的角度来关注服装艺术，包括不同场合、不同环境、不同目的下服装及配饰的色彩、风格款式和材料的变化，还包括摄影过程中服装的光线、色彩和空间感等，而观赏情节应被放到次要位置。

（二）文化素养

由于服装设计是一门介于人文、社会和自然等其他科学间的边缘学科，它涉及很多方面的文化知识，其中人文科学中包括哲学、艺术、美学、伦理学和文化人类学等；社会科学中包括艺术史、艺术社会学、社会心理学和人际关系学；自然科学中包括材料学、人体解剖学、环境生态学和人类工程学等。服装设计师只有大面积接触这些学科的知识，通过广泛的阅读来丰富自己的文化内涵，才能激发设计潜能，不断提高设计水平。此外，设计师工作的时候需要直接或间接地与他人进行沟通，如使用语言文字来解释自己所设计的作品的主题、想法构思、灵感来源、技术要领等。因此，在设计过程中，设计师只有使用清晰、准确的表达方式说明自己的设计意图，并凭借良好的社交能力，才能使自己的设计更具有竞争力。

（三）专业知识素养

要想做一个优秀的服装设计师，其应具备以下几个方面的专业素质。

1. 服装人体基本知识

服装设计的对象是不同体形的人。因此，作为服装设计师，首先应该更系统地了解人体的基本结构和比例，以及男性和女性的形体特征，并能够通过绘画手法准确地表达出来。

服装设计效果图绘制过程中使用的人体通常称为服装人体，属性特征是在比较真实的写实人体基础上进行提炼、取舍和美化形成的。成人的人体比例一般多以8.5头身为标准，儿童按各期分为4头身和7头身的人体比例。在服装人体着装效果的作用下，服装更具有时代的美感和艺术上的审美价值。因此，在绘制服装设计效果图时，均使用服装人体来表现整体的服装效果。

2. 服装色彩基本知识

色彩是创造服装整体视觉效果的主要因素，服装的着装效果在很大程度上取决于色彩处理。因此，服装色彩知识是服装设计师必须掌握的重要因素。研究内容包括色彩基础知识、服装色彩特征、服装色彩对比与协调、服装配色的美学原理、服装色彩的配色设计与流行色等。

3. 服装材料知识

面料是能够体现和反映服装风格款式的基本材料，是服装不可或缺的组成要素。作为一名服装设计师，我们应该对服装材料有更全面的了解和认知，进而掌握不同材料的特性，更好地利用材料来实现设计师自己的设计构想和理念。服装材料知识包括：原材料类别、织造方法、衣料的性能和风格及织物后处理等。与此相对的，设计师对服装材料的感性认知比理性认知更重要，良好的感性认知是有效选择服装材料的可靠依据。

4. 服装工艺知识

服装设计的最终呈现效果表现为成衣。因此，作为一名设计师，不仅要有良好的艺术修养和造型基础，还需要知道如何通过剪裁和缝制工艺使自己的设计构想和理念达到最佳的设计效果。一般来说，服装工艺技术包括制图、量体、剪裁、缝制等流程工序。

5. 服装理论知识

服装理论知识包括中外服装史、服装材料学、服装美学、服装卫生学、服装心理学、社会学、市场学、经济学和营销学等。学习这些理论知识将有助于提高服装设计师的艺术修养，从宏观上更好地理解服装设计的科学性和社会性，汲取古今中外的优势，把握服装设计的主流和脉搏。

目前，我国高等教育和服装教学已经确定了一大批服装设计和服装工程的教育培养方向，并且全方位建立了系统的专业课程。其中，基础核心课程包括造型学、色彩学、服装缝纫基础、服装结构基础、艺术鉴赏等课程；史论课程包括中国服装史、外国服装史、艺术概论、技术美学、服装美学、工艺美术史等；主要的专业课程包括服装结构设计学、服装款式设计学、服装材料学、服装工艺设计学、服装人体工效学、服装装备学等；辅助课程包括服装配件设计学、营销学、市场学、服装管理学和摄影学等。也可以这样说，依据系统的教学计划组织安排的所有课程都应当认真学习，因为这些内容是学习服装设计的最为基本的训练课程，也是成为一名服装设计师必须掌握的专业知识（如图1.1所示）。

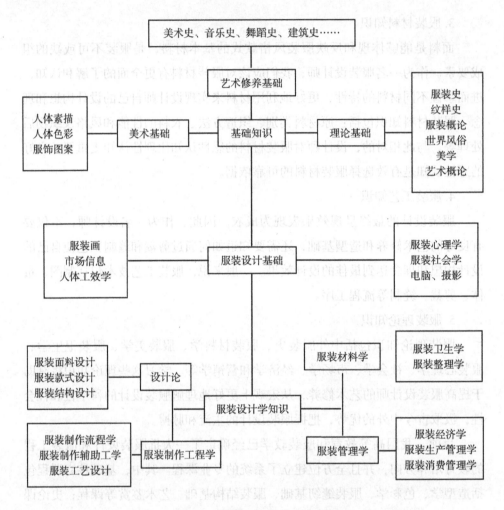

图1.1　服装设计师知识结构图

资料来源：史林.服装设计基础与创意［M］.北京：中国纺织出版社，2006：19.

　　在这样一个体量庞大的学习系统中，学生必须有一个良好的学习方法来抓住各门学科的重点，并对它们逐一击破。同时，他们应该设定学习目标，每天根据学习计划合理安排时间，然后一步一步努力实现。俗话说："世界上最公正的莫过于时间。"每人每天都有公正的24小时，为什么会存在水平的差异性呢？我们说天才是存在的，但对于普通人来说天赋的差别非常小。马克思曾说，"搬运夫和哲学家之间的原始差别，要比家犬和猎犬之间的差别小得多。"爱因斯坦发现了其中的原因，他认为：人与人之间的差异在于他们的业余时间。业余时间与工作时间有关。在工作时间里，在时间、条件和机遇都是相同的情况下，只要大家一起努力，就不会有太大的差距。但由于个人对业余时间处理的不同就不可避免地会使得不同的人之间产生差异。因此，充分利用业余时间，珍惜每一分钟的学习时间和短暂的学习机会，应该是每个人成功的关键。

许多人只看到设计师头上的光环、鲜花、掌声和媒体的关注，但却不知道他们曾经历了艰苦的斗争。朗万（LANVIN）首席著名设计阿尔伯·艾尔巴茨（Alber Elbaz）曾告诉记者："作为一名设计师并不像预期的那么优秀和伟大，这个职业需要大量的辛勤工作和努力。"世界著名时装大师的成长过程就证明了这一点，法国设计大师皮尔·卡丹最开始是一名学徒，曾在四家时装店担任助手，孜孜不倦地跟大师学习，他当被问到怎样成功时，他总说："我是从一根针和一根线开始的。"伊曼纽尔·温加罗在著名的巴伦夏加的公司男裤假缝部门学习了六年。在这段时间里，他努力学习，从中获得了关于巴伦夏加成功的全部经验。亚历山大·麦昆（Alexander MacQueen）是一位年轻的英国设计师，深受当今年轻人的推崇。他16岁时就当了学徒，并经过多年的努力，他终于因备受赞赏的高级时装被舆论界认可为高端服装设计大师。

当然，有无数的例子可以对上述事件进行论证。如果设计师想要成功，他们必须不断学习前人执着、专业的敬业精神并保持勤奋刻苦的学习态度。此外，还不应该受到社会浮躁气氛的影响，应脚踏实地做实际的事情，一步一步地前进。

（四）心理素养

合格的设计师不仅要具备上述知识素养，还要具备良好的心理素质，包括健康的心态、坚强的意志、高尚的理想、浓厚的兴趣和良好的合作精神等非智力因素，以及在成功面前不自满的精神，应时刻思考自己的缺点，失败时不要气馁，找寻到原因后继续努力。同时，服装设计师善于与公司其他人合作非常重要。设计师不能独立于社会，是因为设计只是企业循环生产中的一个环节，必须与相关部门完成交流合作，尤其是与原材料供应部、工艺技术部和销售部进行沟通和合作。没有协作精神，设计师就无法真正完成设计任务。第三届（1998年）"中国十佳服装设计师"陈闻曾经说过："设计师的工作是全面而完整的。首先图纸应该要画好，这是现代设计师的一大优势。通过图纸的形式，可以充分传达设计意图，但仅靠画图还远不够。也许最缺乏的是对面料的理解。其中涵盖了整理过程中的基本情况，从纤维到织造与整理、面料来源、新面料信息、性能、幅宽、价格、交货时间等。面料的比较和选择取决于设计师的眼光、知识、经验和信息。"

设计师的工作不是一种独立的个人行为，设计师必须与不同的部门进行沟通与合作。而设计工作就像一个枢纽，在这里信息被发送，反馈被集中。作为设计师，应该有清晰的想法，协调所有的工作。他们不仅需要优秀的专业知识储备作为支撑，还需要具备专业性、基础性和持续学习能力及敬业精神，从而在每个时期获得不同的收获。

以上这些因素在服装设计师的成长中，起着导向、鞭策、定型与提高的作用，决定着服装设计师的层次和水平。

第二章 服装设计的要素

世界上的一切事物都是由特定元素组成的，无论是物质的还是非物质的、有形的还是无形的，如人体、海洋和音乐，服装设计也一样。从客观的角度来看，对服装设计的分析和对服装设计要素的理解不仅是设计师必备的专业基础，也是未来服装设计的重要技术资源。

第一节 服装设计的面料

面料作为服装的载体，其在服装设计中的重要性是显而易见的。设计师通常从面料织物的质地、图案和情感氛围来获得创造灵感。20世纪80年代以来，设计师注意到面料在服装设计中的作用越来越大。在构成服装设计的三个要素中，面料的重要性已经超越了款式风格，并且上升到了第一位。能够在第一时间运用新颖的面料，就能在竞争中获胜。为了提高企业的绝对竞争力，许多服装设计师开始进入面料设计领域。

一、面料的性能

要用面料设计服装，设计师需要熟悉面料的特性。由于织物是由不同的纤维编织而成的，不同的纤维具有不同的物理和化学性质，从而具有多个特征，这些性质反映在不同的形状、视觉效果和最终的触觉效果上。

（一）表现形态

纤维的比重和表面张力因质地而不同，因此织物具有不同的表现形状，如横向伸长膨胀和纵向变形。织物因其纵向变形通常被称为"悬垂"，而其表现形式是"悬垂感"。早期的一些人造化学纤维织物，如尼龙、聚丙烯织物和腈纶并没有悬垂性，用它们制成的衣服具有横向伸长膨胀的效果。随后，用悬垂性强黏胶纤维与天然纤维进行混合和织造处理后，悬垂效果逐渐改善。因此，如由80％聚酯纤维和20％棉混合制成的印花绉纱等新面料，比天然面料更有悬垂感。

针织面料和机织面料有不同的悬垂形式。针织物是将纱线折叠成线圈的织物，它有经编和纬编等多种款式可供选择。由于针织技术的特殊性，针织物具有很强的拉伸强度和弹性。改变线圈的可变性结构能使面料具有很强的悬垂感，这是机织物所不能做到的。

由于厚度、质地结构、纤维比重和纤维厚度不同，织物有不同的流动感，这是织物的另外一种表现形式。轻薄透明的丝绸、纱线都属于柔软的面料，而厚重的面料，如羊毛和羊绒，则没有柔软面料飘逸的触感。

（二）视觉效果

在光学的反射下，我们从视觉上可以看到面料织物是否透明，是挺括的还是柔软的，是反光的还是吸光的，是厚重的还是轻薄的。

（三）触觉效果

面料织物的柔软度、硬挺度、平滑度、滞涩感、皱褶感、毛感、绒感和其他触觉效果可以通过手的触摸来辨别得知。

二、面料的分类

面料是服装构成中不可缺少的一部分。它不仅是设计师进行设计时赖以支撑的物质基础，也能使服装超越设计的效果。在服装材料日益丰富的当今时代，如何充分利用材料的本质属性来表达服装的外观，已经成为服装设计中一个不容忽视的内容。

（一）棉、麻织物

棉、麻织物是人类最早就开始使用的材料，它们的外表粗糙而简单质朴。针织棉织物因其吸湿性、透气性和弹性而成为内衣设计的理想选择，机织棉织物和亚麻织物适合休闲和舒适的设计。

（二）丝织物

丝绸面料通常具有柔软、优雅、高贵雍容的外观，是高端服装设计的首选。在设计丝绸面料的服装时，我们应该特别注意面料内衬的选择，应以衬里的颜色、厚度和硬度不会损害真丝织物的整体穿着效果为原则来进行设计。

在使用真丝织物来设计服装时，应该充分利用丝织物的悬垂性和优雅的光泽等优点，以尽量减少分割，否则很容易在外观上留下难看的印迹。

（三）毛织物

羊毛织物通常被称为呢绒，其身自有一种庄严而平静的风格。因此，在使用羊毛织物设计衣服时，不建议使用太多的皱褶。然而，如果羊毛非常薄，可以适当地使用皱褶来降低羊毛织物的成熟度和严肃性。过于花哨的装饰不适合羊毛制品，但明显的轮廓和简单的分割线非常适合呢绒服装。

（四）针织物

针织材料柔软有弹性，常被用于设计服装并展现人体曲线，也会给穿着者一种舒适的感觉。由于每件针织物各部分都是由针织机编织而成的，因此有必要使衣服的样式尽可能简单，避免缝合。这不仅提高了生产效率，还保持了织物表面的美感和质地。另外，通过图案的虚实、颜色的拼接及其他材料与针织品的拼接，可以设计出不同纹理质地和风格样式的服装。

（五）绒面革

绒面革是被用来制作高端服装的材料。随着现代纺织技术的发展和人们环保意识的提高，人造革因几乎可以与真皮相媲美而逐渐受到人们的欢迎。人造革质地非常松软，不适合更复杂的设计结构。因此，绒面革服装的设计应该追求时尚和优雅简单的风格。裘皮可以与其他服装材料有机结合，形成强烈的对比。这得益于绒面革柔软的绒毛和闪亮的光泽，使其看起来成熟而有特色。如果将绒面革与其他面料结合，则应注意整体风格的一致性和均匀性，且颜色对比不应太强烈，与之结合搭配的材料多是皮革、天鹅绒或丝绸。

三、面料的外在特征

通过不同的织物编织过程、基本组织和后处理过程，能够形成不同的视觉外观和纹理样式。面料的外观是激发设计师创造力的重要因素，它不仅影响服装产品表面的外观，还反映了每个季节的流行趋势。服装面料外在特征总结如下。

（一）光泽型面料

光泽型面料表面光滑，能反射出冷、暖两种亮光，如锦缎、丝绸、仿真丝的丝绸和有闪光涂层的织物。通常，光泽度强的面料会给人一种刺激性的冰冷感觉；而光泽度柔和的面料则会给人一种整体华美而富丽的感觉，如金缎、银缎等。

（二）无光泽面料

无光泽面料织物的表面通常非常粗糙，由于不均匀成分的排列，光线的反射也是无序、不规则的，并且其效果与光泽织物相反。无光泽面料的使用在视觉上缩小了着装者的身量，不会使样式过于耀眼，给人一种优雅、稳定和严谨的感觉，如薄纱、泡泡纱、绉纱、稍加改良的苏格兰呢、细洋布、西服呢等。

（三）伸缩型面料

伸缩型面料以针织材料为主，包括手工织物和机织物。这种材料有一定的张力，给人一种舒适自然的感觉，包括：由弹性纤维制成的多种机织面料如氨纶包芯纱；和莱卡交织而成的面料织物，如棉、麻、丝、羊毛、化学纤维等；采用不同编织螺纹和编织方法织成的针织面料，其品种非常丰富，如起绒织物、针织弹力呢等，以及手工编织面料，如毛衣、钩花织物等。

（四）薄透型面料

薄透型面料织物是薄而透明的。它的质感分别为柔软、飘逸、轻盈及轻薄硬挺。在设计中，重叠的多种材料会产生层次感和隐约感等意想不到的奇妙效果，如印花织物、纱网织物、雪纺、乔其纱、蕾丝和各种网面织物。

（五）厚重型面料

厚重型面料的手感厚实，隔热保暖性好，给人一种结实、温暖的强烈心理效应，造型效果有一种形体上的物理膨胀感，就像各种毛针织品、绒毛型面料、厚型呢绒和缝织物等面料，具体包括海军呢、麦尔登、制服呢、法兰绒、大衣呢、天鹅绒、丝绒、动物裘皮、人造毛织物等。

四、面料的组合设计

所谓面料组合设计就是为一组或一系列服装设计选择所要使用的面料织物。面料的组合设计依据面料的类型，可分为下面三种。

（一）同一面料组合设计

用相同的面料进行组合设计最简单的方法是直接组合使用。选择相同面料织物时，最重要的考虑因素是面料的手感、质地和颜色。在外观质地上，必须满足设计师的造型要求，同时还要满足服装穿着者的皮肤舒适性要求和色彩设计要求。

如果将相同种类的面料织物组合在一起，可以使用多种颜色进行组合搭配。

基于这一点，设计师应该考虑服装设计范畴内的色彩对比度和搭配效果，包括单件服装和同服装系列的配色问题。

（二）类似面料组合设计

类似的面料织物组合设计是指不同类型的织物在质地和外观上相似或接近的结合。例如，麻织物和棉织物的叠加组合、斜纹织物和灯芯绒织物的叠加组合，以及粗、细针织面料的叠加组合。这种风格类型的组合可以让服装看起来与众不同，而且整体效果比使用单一织物更丰富。同时，它们具有相似的外观，是由于材料上复合织物相同或相似，从而使得组合的织物能够很好地相互协调，且很难发生改变。

（三）对比面料组合设计

对比是服装设计中经常出现的概念，它通常指的是反差性大的东西，如对比色、对比的造型等。所以，对比面料是指外观上存在较大差异的面料织物，如厚与薄、轻与重、柔软与硬挺、透明与不透明、光滑与黯淡等。这种从观感上就呈现出强烈的对比效果的方式，近年来在服装设计中十分流行。许多服装设计师喜欢采用这种方式，因为它具有独特的视觉冲击力。在对比面料的组合设计中，最重要的是解决制作工艺的问题。如果面料织物的材料存在很大差异，进行工艺上的拼接时会出现很多问题，比如两种面料不能实现拼接，或即使可以拼接，接缝也不平整美观。

五、面料的选择

面料织物是服装设计师可以拿来进行创造的一种工具，它决定了服装的垂悬性和服装的廓型。在进行设计前应综合考虑多个方面，以确保设计工作的成品与设计初衷吻合。对于设计师来说，了解面料的外观美感、悬垂度和组织结构很重要。除此之外，市场定位和季节对设计的限制也在设计师的考虑范围之内。选择面料织物时应考虑以下方面。

①重量：决定衣服的悬垂性。

②组织：面料的结构组织决定了面料最终呈现的外观组织效果。

③材质：衣服的触感和外观最终取决于材质，如果用不同的面料制作相同款式的服装，制作出来的服装会呈现完全不同的效果。

④色彩：对于服装设计来说，对色彩作出的选择非常重要，它反映了设计师的构思方法和下一季将要流行的趋势。

⑤幅宽：面料织物的宽度取决于纸样尺寸的大小，这是设计时应着重考虑的一点，以避免不必要的或不想要的线缝。

⑥价格：面料的价格有高有低，对面料的选择取决于品牌的定位和服装定价的竞争力。

第二节　服装设计的色彩

一、服装色彩的特性

（一）服装色彩的实用性

夏天穿浅色的衣服会因为太阳光线的反射而感到凉爽；冬天穿深色衣服可以吸收阳光，使人感到温暖；在野外作战时，野战服的草绿色便于隐藏；在日常生活中，孩子穿着五颜六色的衣服来引起司机和家长的注意，不易引发交通事故。因此，在服装设计中正确使用颜色可使人们的生活更加舒适且具有实用性。

（二）服装色彩的象征性

长期以来，人们随着服饰的发展赋予色彩以象征意义，具有象征标识性的色彩在现实生活中得到广泛应用。例如：白色象征纯洁，代表和平；黄色象征权力，是帝王之色；红色是喜庆的象征，代表浓烈的节日和婚嫁氛围；黑色象征着神秘和高贵；紫色则象征妖娆和性感；等等。

（三）服装色彩的装饰性

时装的配色方案，通常采用或对比或柔和的装饰色彩。简单来说就是，它们需要经过仔细的改进和管理才能凸显色彩的装饰作用。强烈的装饰色彩不仅能表达设计师的色彩意图，而且能达到良好的画面形象效果，特别是带有不同民族风格、图案和边框的服装，具有鲜明的个性和特色。

二、服装色彩的审美特征

色彩是反映人与自然的呼应的媒介手段，也是体现个体差异的重要标识，具有联想性、象征性和表情性的审美特征。

（一）色彩的联想性

当看到特定的颜色之间的组合时，人类大脑中有关颜色的记忆就会被唤起，人们会将面前的颜色与过去的经历自发地联系起来，一种新的情感体验或新的思维就是通过这样一系列的思维活动而产生的。这种创造性思维过程被称为色彩联想。色彩联想可分为颜色的具体关联和颜色的抽象关联。颜色的具体关联是指颜色与客观存在的实体间的相关性。例如：当看到黄色，就会想到菠萝或香蕉；当看到红色时，会联想到苹果和草莓；当看到蓝色时，会想到大海和天空。抽象颜色联想是指直接设想跟某种哲学或抽象逻辑概念相关的心理色彩联想形式。例如，蓝色会让人产生凉爽、宁静等感受，红色会让人产生热情、自由等感受，这种跟颜色产生的联系来自过往的经验。颜色的关联通过个人经验、记忆、思想和想法来投射。一般来说，这种关联会有相似之处和共性，这是因为在有类似的社交环境、成长模式和思维方式时，人们对事物和颜色的感受往往也是相似的。

（二）色彩的象征性

色彩情感的进一步升华就成为色彩的象征意义，这种通过联想与观念转换形成的思维方式能够深刻地表达人们的信念和思想。从理论上讲，由颜色关联的结果所产生的概念并不具有理论的必然性。由于不同的时代和地域文化差异，人们对色彩的意义象征性、关联性和暗示性有着不同的理解。因此，所谓的颜色象征性并不具有准确且严格的一致性，而是具有共同的认同性身份。在人们的认知中：黄色象征忠诚、光明、智慧等；橙色象征着成熟、饱暖、温暖等；绿色象征和平、生命、青春等；褐色象征着沉稳、厚实、朴素等；灰色象征孤寂、冷漠、单调等。然而，如果当不同色彩的明亮度和色彩度稍有变化时，它们的象征性联想意义就会大不相同。例如：在黄色中增添白色并增加亮度后，会给人一种孩子气的稚嫩感觉，但一旦色彩度减少它就会变成枯黄的颜色，并立即给人以腐败、病态和苍老等感受；紫色和白色混合后增加亮度变成粉紫色，就不再显得忧郁，而是象征着明快与轻盈；各种并非由黑白混合而成的"灰色"，由于包含三原色成分，在应用中不同于以前真正的"灰色"的冷漠，而是具有一定程度的亲和力。

（三）色彩的表情性

同颜色的表达能够给人一种情感上的渲染，不同颜色的刺激通常会使人们产生不同的情绪。经过研究人员证明，不同的颜色会使人产生不同的生理和心理反应。德国色彩心理学家海因里希·弗里林（Heinrich Freeling）指出：红色会促使血压的上升和肾上腺素的分泌；蓝色则可以降低血压及脉搏的速率。法国心理学家弗艾雷尔实验后也发现了类似的现象：在彩色光线的照射下，肌肉的弹性有所增加，血液循环也会加快，其中红色的增幅最大，其次是橘红色、黄色、绿色和蓝色。由此可见，色彩的表情性决定了它是审美的重要对象。在主体与客体的审美关系中，可以整合情感，使色彩或色彩的表达相互作用。

三、服装色彩的配置规律

从色彩学的角度来看，色彩并置于组合的被称为配色。对于某种单一的颜色来说，没有所谓的美与不美。只有当两种及以上的颜色相邻并置在一起时，我们才能感受到它的色彩效果呈现出来的美感。

一般地讲，服装设计的配色有以下三种最基本的配色形式。

（一）同类色配置

同类色配置指的是使用相同颜色色系（色相环在15度以内的颜色）的色彩进行配置，如红色系列、黄色系列、蓝色系列等。这些配置同一个颜色系列的方法很容易获得协调的色彩感，但应注意正确恰当地处理明亮度和层次，否则服装的色彩将看起来单调和平淡。同样，在同类色彩的配置中，应该巧妙地使用同色系不同面料来搭配，以达到兼具统一而又变化的艺术效果。例如，上衣外套是毛织物的，裙子是皮革的，虽然配置了同种色系的颜色，但由于面料织物的质感不同，可以创造丰富的视觉效果。

（二）邻近色配置

邻近色配置是指色相环上调到60度范围内的不同色相的颜色搭配，比如橙色和红色、蓝色和绿色、绿色和黄色等。它们与色彩相似的同类色配置相比，容易产生复杂微妙的效果，并能达到和谐与变化之美。然而，需要注意的是，颜色的纯度和明度相互衬托，颜色的配置必须要有主次及强弱和虚实的区分，才能使服装的色彩具有层次感。例如，鲜明的黄色衬衫搭配灰绿色的裙子，从整体上来看，其色彩是生动而又富于变化的。

（三）对比色配置

对比色一般指色相环上处于两极对应的颜色，如红与绿、黄与紫、蓝与橙等。对比色组合配色的特点是：鲜艳、强烈、突出而又有动态感，但也会由于处理不当而产生生硬感和不协调感。因此，人们在进行对比色搭配组合时通常遵循以下规则。

①面积对比达到调和：选择一种对比色作为大区域的颜色，另一种色彩作为小区域的装饰色。通过这种方式，衣服能够保持明亮和有吸引力，并实现颜色的整体协调。

②降低对比色的纯度达到调和：如果两个对比色面积相近，且都属于色彩纯度较高的色彩并列对比，则会导致颜色之间因互相为排斥而不协调。这种情况下，通常使用降低一侧纯度或同时降低不相等纯度的方法来削弱两侧的对比强度，协调原本尖锐矛盾的色彩，使其趋于调和。

③隔离对比色达到调和：在对比色之间采用黑、白、灰、金、银五种色系将其分开，以避免色彩上冲突过大，实现对比的调和效果。

④用色彩并置的方法达到调和：对比色以小面积的色点并置在一起，产生空间混合效果，能起到统一色调的作用。

四、色彩在服装设计中的应用

服装设计中的色彩应具有文化内涵，而文化内涵又是用来衡量人与服饰审美及其标准潜在价值的标尺，具有无法忽视的作用。因而，在色彩设计应用中，需要注意以下几个方面。

（一）不忘服装色彩的民族性

服装色彩带有一定的民族性。从一个国家的自然环境、生活方式、传统习俗及民族个性来看，色彩通常被描述为民族精神象征的标志。东西方气质心理的差异直接影响着人们的审美观念和色彩体验。例如，法国人和西班牙人的热情充分利用了鲜艳、明亮的色彩，而处在恶劣严酷的自然条件下使日耳曼人的民族色彩偏向于寒冷而严肃。

服饰颜色的民族性不仅指传统的民族服饰，还包括对古代或现存事物的复制上，说明了民族性与时代性相结合的特征。民族风格只有具有强烈时代感和民族性，才能体现出其真正的内涵。

（二）注重服装色彩的时代性

服装色彩的时代性是指在一定历史条件下，服装的总体风格、外观和色彩趋势。每个时代都会带有过去的风格，未来风格也会出现，但总有一种风格会成为时代的主流。服装的颜色通常是时间的象征，流行的颜色是时间的产物。

服装色彩的现代性仅限于人们的审美观念和意识。社会文学思想、道德价值观等因素影响着人们的审美意识。在服装行业，香奈儿是第一个追求新型服装材料的人，例如：可收缩软针织面料和性能导向的线性面料；无领衬衫的设计追求简单优雅的色彩效果。"香奈儿"的风格和色彩已成为这一时期的代表性风格。

服装色彩的象征性是指色彩的使用，与服装关联的民族、人物、时代、地位、性格等因素相关。服装色彩的象征性包含极其复杂的意义。

其实，早在古代，我国就有了服装的色彩设置，用不同的颜色来表达身份和地位。黄色在我国古代被称为正色，既代表中央，又代表大地，被当作最高地位、最高权力的象征。服装的颜色有时可以象征一个国家和时代。18世纪法国妇人的服装明显表现出洛可可时期优美但烦琐的族趣味，色调是彩度低、明度高的中间色，如豆绿、鹅黄、明白、粉红、浅紫。对于某些职业来说，工作服通常具有很强的象征意义。例如，邮政和电信部门采用的绿色（这是一种专门订染的特殊颜色）类似于橄榄枝的颜色，意味着希望与和平。

（三）强调服装色彩的装饰性

服装色彩所体现的装饰有两层含义：一是指服装的表面装饰；二是指有目的地装饰于人。

第一种含义的装饰通常以图案（包括简单的色条、色块等）的形式表达，它与辅助材料和配件结合在一起，具有高度的装饰性。服装本身成了装饰的对象，我国古代宫廷礼服、漂亮的现代旗袍和晚礼服都有强烈的装饰色彩。

第二种含义的装饰主要关注人，关注服装色彩与着装者的体态、着装者的精神、着装环境的协调等，人们成了被装饰的对象。中国有句俗语说："男要俏，一身皂；女要俏，三分孝。"这意味着人们穿服装的美丽取决于颜色的深度。在这里，服装衬托着人、服务于人，成为人的装饰物。

（四）考虑服装色彩的机能性

基于服装实用性的色彩处理方法称为实用功能配色，职业服装的色彩设计就属于这一类，职业服装也叫工作服。除了劳动保护功能，工作服还扮演着专业标志的角色，其中色彩占据着非常重要的地位。不同风格和颜色的工作服可以培养人们的职业荣誉感、激发人们的职业精神。例如：当我们看到一名身穿制服的警察时，我们自然会感到威武而庄严，一旦警察穿着制服，他们的自豪感和责任感就会增强，他们会更多地参与工作，这也会鼓励他们完成任务；外科医生和助手的衣服、口罩和帽子通常是绿色或蓝色的，可以在红色环境中使用；而军服除美观和严肃性外，更为重要的是具有一定的特殊功能。

第三节　服装设计的造型

点、线、面和体被称为形态元素，是所有造型艺术中的基本元素。点、线、面和实体相互关联，可以相互转换。严格区分它们相对比较困难，如点继续延伸成为特定方向上的线，线被水平布置成面，面被堆叠形成体。形态中的点、线、面和体也是相对的。一棵树可以被视为相对于森林的一个点，但是与树的本身相比，树是一个体。

在造型方面，点、线、面、体都是视觉诱发的心理意识。在服装设计中，点、线、面、体（包括纹理）是造型设计的基本要素，它们是建模元素从抽象到具体的转换，是抽象形式概念在服装中通过物质支撑的具体表达。

一、点

从内部来看，点是最简洁的形式，它是所有其他形式的起源，它的数量是无限的；虽然一个点的面积很小，但它具有强大的生命力，可以对人类的思想产生巨大的影响。点具有激活、总结和简化形象氛围，增加设计层次感的功能，设计师可以使用不同的材料和纹理来创作独特的设计作品。

（一）点的概念

《辞海》对这些观点的解释是：①细小的痕迹，如斑点；②液体的小滴，如雨点；③汉字基本笔画名，笔形为"、"。

从上述定义中可看出，这一"点"是一切形式的基础。在建模中，点是一个具有空间位置、大小、面积、形状、阴影和统一方向的视觉单元，可以作为各种视觉表达。点可以以任何形状出现，例如圆形、正方形、三角形、四边形或任何不规则形状。点是最小的设计单位，也是最基本的设计元素。

（二）点的种类

点的存在是流形的，可以分为单点和多点；按大小可分为大点和小点；就形状而言，它可以分为几何形状、有机形和自由形。单点是图像中的力量中心，它具有集中和巩固视觉线条的功能，始终努力保持其完整性，并具有强烈的视觉冲击力。在视觉形式上，这些点在生成过程中具有一定的大小。

（三）点的表情

不同的点所具有的视觉表情是不同的，其多样性与点被运用的目的及用于表现的肌理、材料具有密切的联系。不同的功能、目的、观念、工具、表现手段、材料和媒介会呈现出不同的点。

1. 点的大小与形状给人不同感受

大的"点"给人一种简单、单纯、缺少层次的感觉；小的"点"给人丰富、琐碎、有光泽、零落的感觉；方的"点"具有滞留感和秩序感；圆的"点"有运动感、柔顺和完美的效果。

2. 点的位置不同给人不同感受

居于空间的中心点将引起视觉和可感知注意力的稳定集中。点的位置向上移动，产生下落感；将一个点移向下方较低的中心点会产生一种踏实和安定的感觉；当该点移动到左下角或右下角时，会在踏实、安定中增加动感。

3. 点的线化和面化

点按一定的秩序方向排列形成线的感觉，点在一定面积上聚集和联合形成一个与外轮廓共同构成的面的感觉。

（四）点在服装设计中的表现

点在服装中有非常丰富的表达方式。它可以以单针的形式出现，如小的LOGO、拉链头、小型印花或刺绣图案、小的破洞处理、铆钉等，或者以多个点的形式出现。以多点的形式出现在服装上的点的排列形式不同，就会产生不同的效果。例如，拉链齿、手针装饰、纽扣等作为点元素时，是以线状进行排列的；而一些小型几何图案、根据花型进行的烫钻、钉珠装饰则是以面状的形式出现的。

单独的点出现在服装中，往往会成为服装上的视觉中心，如胸花、腰扣等。这时，点的位置有着十分重要的作用，它对服装的重点部位起着重要作用，也是观赏者注意的焦点所在。当多个点出现在服装上时，以线的形式排列的点更多地表现出线的视觉效果，如直线效果、曲线效果等；以散点形式出现的点则会表现出面的效果。

二、线

线条是人们用来描绘事物时最常见的造型元素。原始壁画全部都是以线来表现的，它最活跃、最富有个性，也最易于变化。

（一）线的概念

《中国大百科全书》对线的定义是：线是艺术作品表达的重要因素。按照几何定义来说，线是点的延伸。它的定向延伸是一条直线，而它的变相延伸是一条曲线。直线和曲线是线造型的两大系列，具有宽度和厚度。它们是绘画借以标识在空间中位置和长度的手段，人们用线条来画物体的形状和姿势。

线是由运动产生的点运动的轨迹。在二维空间中，线是非常薄的平面与表面边界线接触的结果；在三维空间中，线是形状的外部轮廓，是指示内部结构线。从设计角度来看，这条线具有位置、厚度（宽度）、长度、浓度和方向的特点。由于面积区域、阴影和方向不同，线可以用来表示不同的视觉性能。线的聚集形成点，封闭的线形成面。

（二）线的种类

线由点移动的轨迹形成。本质上，它可以分为直线和曲线。从形态上，它可以分为几何曲线和自由曲线。包括垂直线和对角线，其他任何直线都是这三种类型的变通。曲线包括波浪线、螺旋线等。线存在于面的界限，是面与面的交接处和面被切开的切开处。

（三）线的表情

一般来说，几何形的线具有有序性、稳定性和简单直率的特点；自由线条呈现出无序与个性、自由与放松的特征。粗线具有力度，起到了强调的作用；细线则精致细腻、婉约。

1.直线

直线具有力量之美，简单明了、直接果断。它的造型关键在于它自身的张力和方向性。

①水平线。线是最简洁、最直接的代表形式。它持续在水平方向无限伸展，相对稳定、平静、柔软、无争，但渗透着一种冷峻感。

②垂直线。与水平线完全相反，但与水平线一起被称为"沉默的线条"。攀升和庄重，为它的发展带来了可能性，从而带来一丝温暖。

③对角线。由中分上述两条线得来，它穿过图像及画面的中心，在倾斜的方向上产生强烈的内部张力，充满运动感。它是敏感和善变的，但又具有原则性。

④任意直线。它或多或少偏离对角线，通常穿过图像及画面的中心，可以更加自由。对角线的大部分性格特征存在于任意直线中，但它们极不稳定，很容易失去原则。

⑤折线或锯齿形线。它由直线组成，在两个或多个力的作用下形成，具有紧张、焦虑和不稳定的情绪特征。

2.曲线

曲线具有弹性、圆度和温暖之美。与直线相比，曲线的作用较弱，但它包含更大的韧性和成熟的力量之美。

（四）线在服装设计中的表现

线在服装中是必然存在的，即使一件衣服没有点的缝合结构，它也永远不会有没有线的结构。首先，服装分割线是不可或缺的一部分；其次，服装的外轮廓也是线条的表现；最后，服装的内部结构或多或少存在线的构成，如口袋、皱褶等。此外，还有一些以线的形式出现的装饰，如车缝线迹、狭窄的花边、流苏等。设计师喜欢的条纹图案也是线条的一种表现。

线将长短、粗细、松紧、方圆、疾涩、主从、连断、藏露、敛放、刚柔、动静等对立的审美属性统一在广阔的审美领域内，在相互对立、相互排斥又相互依存、相互联系中达到线条的和谐之美。恰当地运用几何形线和自由形线可构成线的形式美感。

线条在服装中的表现与线条的形状直接相关，不同的线条会影响服装的风格。直线爽朗、干脆的性格使服装具有严肃、干练、庄重、中性化的风格趋势。曲线柔美、圆润的性格使服装呈现出温柔、浪漫、妩媚、可爱的风格趋势。有时候，仅仅改变线条的形状就可以改变服装的整体风格。因此，改变衣服线条的形状是调整服装样式的常用方法。

三、面

与点和线相比，面是一个比较大的形体，它是造型表现的基本元素。面作为概念视觉元素之一，在抽象建模和具体建模中都是不可或缺的。

（一）面的概念

面是线移动的轨迹。直线的平行运动变成方形；直线的回转移动变成圆形；直线和弧线结合运动连接成不规则形状。因此，面也称形，是设计中的一个重要因素。大量密集的点形成一个面，点的扩张在一定程度上形成一个面，线按一定规律排列形成一个面。线以一定轨迹呈封闭状形成面，例如：垂直或水平线平行移动，其轨迹形成方形；直线以一端为中心，形成一个半圆形运动生成扇形；直线回转形成一个圆形；斜线在一定方向平行移动，逐渐变为三角形；等等。依此类推，各种平面图形的产生方法数不胜数。面在三维空间中的存在即为"体"，而面在二维图像中所担任的造型角色相较于点和线形态显得更稳定、更简单。

（二）面的种类

根据面的形状，它可以分为三类：无机形、有机形和偶然形。由直线或曲线抑或是直线和曲线的组合形成的面被称为几何体，也可称为无机形状。它由几何规则组成，具有数理秩序和机械冷感特征，体现了理性的本质特征。通过数学方法无法获得的生物体形式被称为有机形式。它有丰富的自然法则和规律，具有生活节奏简单的意识特点，如鹅卵石和树叶都是有机的。天然或人工形成的形态被称为"偶然形状"，如水或墨水的随机飞溅、昆虫的眼睛在树叶上等，因为结果无法控制，所以它们是不可逆转的。

（三）面的表情

面的表情会表现在不同的形态类型中。在二维世界中，面部表情是最丰富且常见的。随着面的虚实、形状、色彩、大小、位置和肌理等变化，可以形成一个复杂的建模世界，它是造型风格的具体体现。面的表情与表达技巧有关：如果轮廓是轻淡的，那么它使用硬边则显得更为柔和；正圆形面过于完美，缺乏变化；椭圆形面圆满完整且充满变化，在整齐中反映了秩序的自由；方形面则有严谨和规范感，容易显得过于呆板；角形面具有刺激感，比较亮眼和醒目；有机表面会使人产生优雅、柔软、有魅力和人性化的心理感受。

（四）面在服装设计中的表现

面是服装必不可少的组成部分。即使有一部分服装只由线条组成，但也会有相配的面。这些面一般是较小的区域，密集排列的线条能够创造良好的视觉效果。服装必须覆盖人体的某些部位，决定了服装中面料存在的必然性。大多数服装是由服装材料制成的，它们本身以面的形式出现，每一裁片都是面的组成部分。除碎片之外，面还可以以图案的形式出现。因此，以大块面镶色形式出现的服装更具有表现力，以面为主要表现形式的服装也就具有强烈的统一感。

四、体

与之前的几种形态相比较，体更为结实、厚重，也更加可靠和强壮。体自然流畅的曲线和柔软光滑的表面，极具弹性且充满活力。

（一）体的概念

体是具有一定深度和广度的三维空间，它是面的移动轨迹与面之间的重叠。体具有重量感、厚重感和稳定性，它是最具有空间感、立体感和量感的实体，并且具有三维实体位长、宽、高的特征。

（二）体的种类

体在构成上可分为五类，即组合体、曲面体、直面体、单体和有机体。圆锥、圆柱、正方体、长方体、方锥等其他几种基本型被称为单体；两种或两种以上单体组合称为组合体；由界直平面表面所构成的形体，或主要由直线和直面组成的形体，称为直面体；几何曲面体和自由曲面体一起构成曲面体，曲面体的基本形状包括圆锥体、圆柱体、圆球和椭球体；由自然力和物体内部抵抗力的抗衡作用而形成的形体称为"有机体"。

（三）体的表情

几何直面体主要用来表达庄重而简练的感觉，并且具有大方、安稳、庄重、严肃、简练、沉着的特点。长方体和正方体的厚实形态和清晰的棱角更适用于稳重、正直、朴实的原则。锥形物体的锐利尖角具有力度、攻击性和危险性这种与众不同的特征，通常用于打破常规性的设计表现。

几何曲面体是由几何曲面组成的回转体。它具有强烈的秩序感，能表达一种轻松、明快、严肃、优雅、端庄的感觉。通常，球体形体是完整且饱满的，圆形球体更是象征着新生、美满、传统且具有强大的内在力量。椭圆形球体则很容易被与未来、科技、宇宙和生命的孕育等多种含义联系在一起。由自由曲面（如柱体）架构的立体造型，其中大多数造型是以对称形态呈现的。规则对称的形态和变化丰富的曲线可以表达出端庄、凝重、优雅活泼的感觉。

有机体是由物体受到自然力及物体内部抵阻力相抗衡的作用而产生的。它具有层次丰富、流动性强、柔软丰满、流动流畅、平滑圆润的特点，表现出一种朴实自然的形态。

（四）体在服装设计中的表现

服装本身就是一个三维的体，所以这里的体所要表达的是服装的造型。从整体造型上来看，有膨胀感和突兀感的服装造型往往有强烈的身体感，如西方传统婚纱和创意力表现强烈的个性化服装。就局部造型而言，较为明显的是衣服外部的服装组也有较强的身体感，例如填充材料的衣领、立体的口袋、皱褶或膨胀的泡泡袖等。

体在服装中的运用，使服装在不同的角度有着完全不同的视觉体验，这比以面或是线条为主要表现形式的服装显得更为强烈。一些以其强烈个性而闻名的设计师，他们往往会设计出具有较强体的特征的服装。

五、服装设计的整体结构——款式

服装的款式主要是指由服装的廓型和内部结构组合所产生的造型特征。

（一）服装廓型的设计

1.服装廓型的特性

服装的廓型指的是服装的整体外形轮廓，它是服装构成的最重要因素之一。如果从远处观察一件服装，其呈现的廓型会比任何细节都能更早地出现在眼前。服装的色彩会受到光线变化的影响，但廓型却是因最本质形态被人所注意的。廓型作为服装给人的第一印象，它在传达服装总体设计的风格、美感和品位等方面起着重要作用。

在服装的发展演变过程中，外形轮廓发生了很大的变化，这直接反映了不同历史时期的服装风格。纵观中外服装发展的历史可以看到，服装廓型的变化其实包含着深厚的社会内涵：在18世纪的欧洲，服装外形轮廓依然强调女性的身体特征，像裙撑和紧身衣非常流行；20世纪20年代，随着女权运动的兴起，宽腰身的直筒形女装开始成为流行时尚；到了第二次世界大战时期，女性穿着垫肩外套、直筒窄裙及带有明显军服痕迹的俭朴服装；20世纪60年代，"年轻风暴"席卷全球，牛仔裤、迷你裙、喇叭裤等服装在西方国家非常流行。

此外，服装廓型在传递信息和引导时装流行趋势方面也发挥着指导性作用。因为，时装流行最重要的特点在于外形轮廓上的变化，有相关经验的人仅从服装的剪影中就可以辨别出服装所处的特殊时代。由此可见，流行款式演变的显著特点是以轮廓线的变化为特征。无论新的廓型变化多么微妙，都可以引导其成为世界潮流。因此，时装设计师可以从廓型的更迭变化来分析服装的发展规律，从而预测未来的时尚流行趋势。

2.决定廓型变化的主要部分

服装造型离不开人的基本形体状态，因此服装造型外形线的变化与人体的形状结构密切相关。影响服装外形线变化的主要部位是肩部、腰部、底边和围度。

（1）肩部

肩线位置、肩部形状的变化都会对服装造型有所影响，无论是袒肩还是耸肩，都是依据肩部形状稍加更改产生的效果。同时，肩部制作技术的变化也将会使外轮廓形产生的新的变化。例如，在20世纪80年代，当时流行阿玛尼风格的宽肩，就是用垫肩创造一个特别夸张的肩部外形线，这给原来优雅的女性服装带来了新的气质氛围。

（2）腰

腰部作为服装造型中举足轻重的部分，有着极为丰富的变化。改变其形态变化有两种方式。

腰部的松紧：束紧的腰部能展现苗条的身材，带有柔美纤细的美感；而宽松的腰部线条，则呈现出宽松自由的形态，有一种庄重而简洁的形态美。束腰和松腰这两种形式经常交替出现，每一种变化都给当时的服装界带来了一股新鲜的风潮。

腰节线的高低：腰节线高度的各种变化可形成高腰式、中腰式、低腰式等服装风格。改变腰线的高低可以直接改变分割比例，使服装呈现出不同的形态和风格。

（3）底边线

底边线长短变化和形态变化，它们都直接影响到服装外形线的比例与时髦效果，是影响服装是否流行的重要标志。

（4）围度

围度的大小对衣服的外形影响最大。围度设置是指服装和人体间的横向空间量问题。在人体的不同部位，由于服装空间比例设置的大小不同，外轮廓形会发生不同的变化。例如：要是增加胸部和臀部的围度、收紧腰部，就会形成一个特殊的X型服装的外形线；增加衣服的胸围和腰部围度、收紧臀围，就会形成V型服装外形线。古代欧洲西方宫廷贵族的女性裙装就常使用裙箍或鲸骨圈来撑大臀围，形成一种炫耀性的装饰效果。

3.服装廓型的分类

近几个世纪以来，女性服装的廓型历经了不计其数的更替变化。经过仔细研究可以发现，这些廓型大体上都由以下三种基本形变化而来。

H型：肩围、腰围、臀围和下摆的围度，都没有太大差异，服装衣身为直筒状，呈现出简单随意、较为中性化的特点。

A型：又称钟型或是膨胀型，是指上小并且下大的三角形造型服装，有一种自由洒脱、流动和活泼的感觉。

X型：是一种能够体现女性特征的服装外轮廓形，束腰作为其主要特征，具有优美、柔和的美感。

在上述三种典型的廓型基础上，可进一步细分出更多的廓型，如S型、T型、V型、O型等。

但是，在实际的服装设计过程中，服装的外轮廓形应用也极其复杂，在了解不同廓形具体的风格特征后，结合相应的具体设计要求和流行特征是关键。

4.服装廓型设计的方法

设计服装的外轮廓形有很多方法。在原始廓形的基础上进行创新是一种方便的设计方法，通过结合不同廓型，可以产生一个新的设计。由于组合方法的不同，获得的造型也不同。可以先在纸面上进行构思设计，也可以直接在人体模型上制作造型。人体是服装变化的中心，每一次的变化都是围绕着这个中心进行的。从原则上来讲，基本上只要围绕这个中心进行设计，任何形式的造型变化都是被允许的。

（二）服装的内部结构设计

内部结构是指在一些局部进行充实、协调呼应的造型特征，从而充分完善和完整塑造服装的廓型。其中，包括结构线、领型、袖型、口袋和装饰附件。这些内部结构常常会随着季节和时尚的交替变换而改变。

1.服装结构线的设计

服装结构线是指反映在服装拼接各个部位、构成服装整体形态的线条，主要包括省道线、分割线和褶裥等。

服装结构线是根据人体及其运动来确定的，因此它首先应该具有舒适、合身形和便于行动的功能；其次，它还应该具有装饰性美感，并与服装风格协调统一。虽然省道线、皱褶和分割线在服装的外部形态上是不同的，但它们在美化人体的形态外观并能够使服装各部件结构合理等方面可以起到相同的作用。

（1）省道线

将布料覆盖在人体上，根据人体外部形态起伏的需要，将多余的布料省去或收褶进行缝合，以形成合适的衣身轮廓造型。被切割掉或缝合的就是省道。

分布在人体不同部位的省道被称为：胸省、腰省、臀位省、后背省、腹省、手肘省等。

省道的设计主要通过省道间合理的转换来完成，并在不影响服装的尺寸和适体性的情况下，满足服装在造型和装饰效果上的构想。省道设计可以是单一的集中设计，也可以是分散的多方位设计，还可以是直线形或是弧线形和曲线形。这些设计都有自己的特点，具体应用应与服装设计风格相一致。

（2）分割线

分割线是一条被分割之后再进行缝合的线。在服装设计中，主要有两种类型。

结构分割线：满足造型要求的分割线。它可以替代收省的作用，最大限度表现立体的人体造型形态，如公主线、背缝线等。在经过精巧的工艺处理后能满足结构和装饰的需要，并将服装造型所需的结构隐藏在分割线内，具有装饰效果。

装饰分割线：主要指为审美的视觉需要而设计的分割线。它主要在服装中起装饰作用。在不考虑其他造型元素的前提下，利用装饰分割线可以改变位置、形态和数量，并能够表现出各种服装面貌特征，如端庄、活泼、粗犷等。

分割线可分为六种基本形式：垂直分割、水平分割、斜线分割、弧线分割、弧线的变化分割和非对称分割。

（3）褶

褶是服装设计中的一种结构线设计，同时具有装饰性和实用性两种特征。它通过把布料缝制和折叠成各种线条形式而具有立体的外观和强烈的装饰感。同时，它还可以代替收省的作用，实现服装的立体造型，具有很强的实用功能。

褶可分为三类：褶裥、碎褶和自然褶。

褶裥：是将布折叠成一个接一个的裥，经过熨烫压平后形成规律、定向的褶。根据折叠和缝制方法的不同，褶裥可分为顺褶、工字褶、缉线褶、剑褶等。褶裥形成的线条挺拔、刚劲，具有强烈的节奏感，通常也被广泛用在服装设计中。例如，男士衬衫胸前的皱褶装饰、女士外套大衣后摆的工字褶、优雅的百褶裙等。布料纵向垂直改变、褶裥宽窄的交错变化，以及褶裥和图案的组合都可以将褶裥创造出更丰富的视觉效果。

碎褶：是用小针脚的方式在布上缝好后，收紧缝线，使布料自由收缩成细小的皱褶。这种皱褶形成的线条带给人一种蓬松柔和、自由、活泼的感觉。碎褶很少用于男装，广泛应用于童装和女装，并且形态也是富于变化的。例如，漂亮可爱的灯笼袖、重叠式的宝塔裙、繁复的荷叶边饰等，不同形态的细皱褶为服饰增添了不同的美感。

自然褶：利用布料的悬垂性而自然形成的褶称为自然褶。将布料直接披挂在人的身上，由于面料的经纬度、悬垂性不同，就会形成具有不同造型效果的自然褶，这种褶饰线条优美流畅、自然、潇洒飘逸。

在服装设计中巧妙地运用省道线、分割线和褶裥等方法，能够使得服装的款式呈现出更加丰富的变化。但是，也应考虑外轮廓线和内结构线的协调和统一，这是设计构思中匠心独具的创造，需要依靠服装美学和娴熟的裁剪技艺才能自由地进行变化。

2. 领的设计

领子所处的部位是人的视觉中心，最能吸引人的视线，是服装整体设计的重点。领子的式样千变万化，造型极为丰富，既有外观上的形式差别，又有内部结构的不同，不同的领型，其美感也各不相同。

（1）无领

无领是最简单、最基础的领型设计。它的衣领领口线就是领的造型。无领设计简洁自然，能更大限度地体现颈部线条的美感。它通常被用于夏季服装、休闲服装和晚装的设计上。

无领与其他领型不同的是，其没有相对严格的尺度，与主体服装造型之间是一种较为松散的关系，所以造型的自由度较大。根据领口的形状，无领设计包括圆形领、船形领、一字领、方形领、V字领和不规则领等，通过对领线进行各种工艺的装饰，还可以产生更为丰富的视觉效果。

（2）无带领

无带领是一种无吊带的特殊领型。肩部、胸部、手臂和背的上部袒露在外面，是一种既无领围线又无肩线的设计。它常在夏装和晚礼服的设计中使用，给人一种现代、浪漫的氛围。无带领的装饰、结构和造型的变化极其丰富，处理的随机性非常强，对胸部造型要把握得恰到好处。

（3）立领

立领是一种只有领座的领型，没有领面的设计。立领分直立式、内倾式、外倾式。内倾领与人的颈部空间量小，我国服装在传统上多为内倾式，它的特点是严谨、典雅和含蓄。内倾式立领也可以采用与衣片连裁的式样，造型简练而又别致。直立式通常用于护士服、学生装这类服装中。外倾式的造型下小而上大，并且逐渐向外倾斜，夸张而华丽。

（4）扁领

扁领是一种只有领面，没有领座的领型。前领自然服帖地连接到肩膀和前胸，后领则自然地向后折叠并服帖地连接到后背部。其造型线条看起来柔和而舒展。这种类型一般用于童装和女装，如海军领、大披肩领等。有一种连帽领，也是在扁领的基础上演变衍生而来的，前领类似海军领，后领则缝合成帽子，兼具功能性与审美性。扁领在服装设计中可以产生多种形式的变化，如领子形态的宽与窄、大与小、方形与圆形、长领与短领等。

（5）翻领

翻领是指由领座和领面两部分组成的领型，领座呈垂直立状位于在颈部，起支撑领面的作用。这种衣领具有庄重、得体、成熟干练的特点。衬衫领、中山装领、风衣领都于这种类型。翻领领面的宽窄、长短、领角的形状及装饰都是翻领风格变化的重点。

（6）驳领

驳领是一种将衣领和衣身缝合后共同翻折，前面和中间的部分敞开的一种领型。衣身翻折的部分叫驳头，因此这种领型又称驳领。驳领庄重、洒脱、自由，广受人们的喜爱，并且适用于各种类型的服装。驳领的设计变化由领深、领面宽窄、驳头和刻口的造型、串口线的位置及颈部贴服程度来决定。驳领的变化设计还可将领面和驳头连在一起，没有串口线，这种领式被称为连驳领，如青果领、燕尾领等。

服装衣领的设计应与服装风格相适应，否则会破坏服装的整体感。荷叶领与浪漫柔美的服装相协调；直线形式的领式适合于严谨、简练、大方的服装风格等。

3. 衣袖的设计

服装造型中遮盖手臂的部分称为袖子，袖子是以筒状为基本形态的，袖子与衣身相连接，构成完整的服装造型。

袖子的造型千变万化，各具特色，我们从衣身与袖的连接方式上可以将袖分为无袖、连袖、装袖和插肩袖。

（1）无袖

通常用于夏装和晚装设计。这种袖子类型具有强烈的个性化美感，使穿着者看起来修长、苗条。由于袖窿线的位置、形状和大小尺寸的不同，可以让无袖的设计呈现出不同的风格。

（2）连袖

连袖又称为中式袖和服袖。它的袖片与衣片连成整体，肩形平整圆顺，具有方便、舒适、宽松的特点。连袖大多用于休闲装、中式服装、家居装，在现代简约主义时装设计中应用得也比较多。蝙蝠袖属于连袖类的变化形式，袖子的根部与腰部相连，袖子与衣身相互借用，穿着效果轻松而洒脱。

（3）装袖

装袖是根据人体肩部与手臂的结构特点，将衣身与袖片分别裁剪，然后再装接缝合在一起，是最符合肩部造型的服袖结构，具有广泛的适用性。装袖分为合体袖和宽松袖两种。合体袖是一种比较适体的袖型，多采用两片袖的裁剪方式，让袖窿和袖子按照人体臂膀和腋窝的形状设计，袖身呈圆筒形，又宽松又薄，带有较强的立体感。尤其是静态效果更好，但穿着时手臂活动会受到一定的限制。它比较适用于一些正式场合穿着的套装、礼服等服装设计。松套的结构原理与合适的套筒相同，不同之处在于袖山较低，袖窿弧平直，袖根较宽松，肩点下落，所以又叫作落肩袖。宽松袖通常多采用一片袖的裁剪方式，穿着自然、舒适、宽松、大方，常应用于休闲装、夹克、衬衫等服装的设计。

肩部的变化、袖身的形状、袖口的设计是装袖造型的关键，是反映服装风格和服装流行的重要因素。

（4）插肩袖

插肩袖是指袖山由肩延伸到领窝，与衣身连成一个整体的袖子。插肩袖具有流畅洒脱、方便舒适的特点，可以用在多种服装品类的设计中。由于其随意的特点，自由松身形的服装使用插肩袖结构效果更佳。插肩袖与衣身的拼接线可以有很多种变化，从而显示出不同的风格面貌。另外，通过分割、组合或结构变化设计还能够产生很多种袖型的变化。

袖型的变化会对服装的造型、风格产生很大的影响，不同的袖型和服装搭配会有不同的视觉审美变化。衣身与袖子的造型关系可和谐也可对比。例如，衣身紧而合体的服装使用细瘦的装袖，服装风格协调对称，使其感觉舒适；而窄瘦的衣身搭配蓬松的袖型，却能在造型效果上形成鲜明的对比，有一定的视觉冲击力，显得活跃生动。因此，选择恰到好处的搭配方式应根据设计的需要和流行的趋势而变化。

4. 口袋的设计

在对服装进行造型设计时，口袋是必不可少的结构之一。一方面，口袋可以用来盛装随身携带的小物品，具有实用功能；另一方面，它对服装起到装饰和点缀的作用，使服装造型更加完美。

口袋的种类可根据其结构特点划分为三种：贴袋、挖袋、缝内插袋。

（1）贴袋

贴袋是将布料裁剪成一定形状后直接贴缝在服装上的一种口袋。这款贴袋制作方法较为简单，样式也有很多变化。根据形状它可以分为立体、平面及有盖袋、无盖袋。贴袋暴露在服装表面，容易引起人们视线上的注意，具有很强的装饰效果，它是服装总体风格形成的重要组成部分。

（2）挖袋

挖袋是指在衣身上按一定形状剪开成袋口，袋口处以布料镶口袋边，是内衬衣袋里的口袋。挖袋造型简洁明快，不过分醒目，易与服装总体风格协调一致。这种布袋设计要求工艺质量高，变化主要在袋口上，包括横开、竖开、斜开、单嵌线、双嵌线、有袋盖、无袋盖等多种变化。

（3）缝内插袋

缝内插袋是指在服装结构线上进行的衣袋设计，袋口与服装的接缝浑然一体。这种袋型较为隐蔽，不会影响服装的整体感和风格，它属于一种较为实用、朴素的袋型。缝内插袋也通过可以加各式袋口、袋盖或扣襻来丰富造型。

在设计口袋时，要注意大小、比例、形状、位置和风格在各部分和整体之间的协调统一。例如，领型的线条是优美的流线型，则口袋也应该是柔和的弧线型。当然，有时直线型服装也可以配备弧线口袋，只要布局合理、感觉舒适、使用方便，同样能产生和谐统一的美感。

在选配口袋时，我们还必须考虑不同服装的功能要求及服装面料的性能特点。一般来说，工作服、旅游服和职业服装等比较强调口袋的造型设计，而礼服和睡衣等则不强调口袋的设计。布质松散及透明织物制作的服装不宜做挖袋，以防止袋口散开影响牢度，或是露出袋里，破坏服装的整体形态感。

5. 腰位设计

腰位是与下装直接相连的部分。它的造型与服装的效果有密切联系。它不仅是下装设计的关键部分，也是反映流行程度的热点部分。

由于腰位线的高度不同，腰头可分为三种形式：中腰、高腰和低腰。高腰设计将腰位置于胸下，通过腰节线的提高，让下肢显得修长，这种设计具有优美、轻盈的风格；中腰设计即标准的腰位设计，给人以一种高贵典雅之感；低腰设计则是将腰位下移到臀位的形式，近年来低腰位裙、裤装的设计十分流行，充满性感和迷人的魅力。

腰头可以分为上腰和下腰。无腰设计的腰是从裤子或裙片直接裁得的，其特点是简洁精致、线条流畅，在这种设计中需要注意腰线的位置和对形状的把握。上腰实际是腰头与裤或裙片分别裁得并连接而成的，这种设计合体，且腰头变化自由。在满足服装功能性的同时，腰头可通过各种造型及装饰手法来丰富款式的变化。

6. 纽扣设计

纽扣是服装造型中不可缺少的组成部分。它除了有扣系衣服的实用功能，还能够起到装饰的作用。由于纽扣在衣服上常处于显眼的位置，正确选择纽扣，可以起到画龙点睛的作用。

纽扣的形态琳琅满目，圆形、方形、菱形、条棍形、球形、三角形、图案形等都有应用；纽扣由贝壳、金属、木头、塑料、皮革、陶瓷、布料等制成。纽扣有很多种类，如按扣、搭扣、衣钩、拉链、卡子、系带等。

纽扣的选择取决于服装的功能、造型风格和整体尺寸。例如，紧身瘦小的服装常用数量较多的小扣子，而宽松的大衣外套宜配稍大的扣子；过于平淡的服装可用造型美丽的扣子增添装饰性，华丽的服装则应尽量掩盖纽扣，这样才能使服装充分展示其本身的美感。

7. 其他装饰附件

在服装细节设计中，装饰附件的设计也是非常关键的。服装上缀以恰如其分的装饰附件，能丰富造型、强调风格，具有锦上添花的功效。装饰附件的种类很多，且各具功能，包括挂件、勾环、标牌、拉链、绳带、花边等。

第三章　服装设计的美学原理

第一节　形式美的概念和意义

一、形式美的概念和意义

在传统美学思想的意义上，古希腊哲学家和美学家认为，美是一种形式，往往形成美和艺术的本质。毕达哥拉斯学派、柏拉图和亚里士多德都认为形式是一切事物的起源，因此它也是美的起源。现代格式塔心理学、美学的代表人物鲁道夫·阿恩海姆（Rudolf Arnheim）将艺术和视觉感知的美归结为一种"力量结构"，认为组织良好的视觉形式可以让人快乐，成为艺术作品。马克思的审美思想无疑是现代美学的一个重要方面，他的唯物主义美学观体现在形式与内容的辩证统一中。克莱夫·贝尔（Clive Bell）的"有意味的形式"对现代造型艺术产生了深远的影响。在他看来，真正的艺术是创造这种"有意味的形式"，它不同于纯粹的形式，也和内在与形式的统一相区别。简而言之，形式是超越时间、艺术作品外观和情感载体的一种概念。形式化的审美表达可以使人获得相应的审美体验和情感体验，而形式美的规律和法则是一切视觉造型艺术的指导原则。

服装的设计在于"寻找美的用途和功能的形成"。因为，对于人类来说，对美的追求是其本性，当人类出现时就逐渐产生了这种心理需求，并且没有固定的模式。虽然哲学中关于美的概念总是试图超越时代而进行高度概括，但美的具体内容和表达总随着时代的发展而变化，这是由于人们的审美总是在变化着的。除美的内容和目的外，纯粹研究美的形式的标准被称为"美的形式原则"，即形式美的原理。

二、形式美的意义

仅仅是从纯粹研究美的形式原理就可以简化问题，使矛盾相对突出。形式美原则具有普遍性意义，相对于一般意义上的美学研究，它有着广泛的应用范围。形式美是主观诉诸客观的产物。世界中充满着无限的生命力和兴趣，它始终展现一种美的状态。当人们的感官沐浴在五彩斑斓的大自然中，并在心中产生共鸣时，就会被美的形式所吸引。因为，在我们的世界里，一切事物都蕴含着形式的美。对于观察美的主体而言，拥有一双善于发现美的眼睛和一颗善于体验美的心是非常重要的。就如奥古斯特·罗丹（Auguste Rodin）所说："生活中并不缺少美，而是缺少发现美的眼睛。"然而，捕捉美丽形式的眼睛需要接受训练。

自然是错综复杂的，因而不易区分形式之美与抽象形式美的元素。除了与生俱来的直觉，还有必要依靠后天的不懈努力。前人留下的浩瀚深厚的艺术文化遗产，展示并见证了几代人对于形式美学的追求和探索。形式美的原则是社会内容和人的本质力量积累的产物。它可以超越时空、种族和个性，成为艺术造型领域的一种形式美学规律和指导原则。

在艺术创作活动中，创作者主观地捕捉那些复杂的感性材料后，对其进行分类、筛选、加工和提取，并逐步完善为理想的形式元素，如点、线、面、色彩、造型、意境、构图等。创作主体在其中贯穿着情思与感受，确定出由主观控制的画面形式美的基调。在这个过程中，创作主体对形式美的理解越深入透彻，就越能够自由把握形式美感，也就会更自由地在艺术世界驰骋。

可见，对于形式美原理的学习和体会是贯穿于整个创作和设计过程中的。

第二节　服装设计的基本元素

服装设计是一种创造美的设计活动。在进行服装设计创作时，设计者需要有效地整合、提炼及概括设计元素并将其应用到服装设计中。服装设计的过程，就是运用美的形式法则有机组合起点、线、面、体这些造型元素，形成完美造型的过程。点、线、面、体等造型元素既是单个独立的设计元素，又是相互关联的有机整体。一件优秀的服装作品不仅是设计师对设计中各种元素的巧妙运用，同时也是使服装整体关系符合基本美学规律的表现。

一、造型元素——点

与数学概念中的点不同，在服装设计的概念中，点作为造型元素的一种，指的是面积或体积较小的设计元素。造型元素点在形状、颜色、材料上都有多种表现方式。

点的形状从平面图案到立体装饰物各不相同、千变万化，它可以是几何形的、自由形或不规则形的。点的颜色分为多种，可以是单色的，也可以是多种不同颜色的组合。点的组成材料也有许多可能性。根据服装整体的风格和面料特征，任何与服装的整体风格特征相符合的材料都可以用来表达点的元素。

点的不同排列组合，可以在服装中产生不同的视觉效果。点具有标明整个服装位置的功能，并且还有突出、醒目、诱导视线的特点。点在服装中不同的位置、不同的形态、不同的排列组合及聚散变化等会引起人们不同的视觉感受。

第一，如果点位于服装的中心位置，它可以创造一种集中感，形成视觉中心；第二，如果点位于服装的一侧，就会产生不稳定的游移感和不平衡感；第三，服装上有数量较多、大小不一的点排列在其上，可以营造出不规律的美感；第四，同样大小的点按照一定的方式排列在服装上，可以创造出一种秩序感。

在服装设计中，点可以用多种方式呈现，小到一粒纽扣、一个图案，大到一件装饰品，都可被视为一个可被感知的点。在了解点的属性特点后，可以在服装设计中正确恰当地运用点，创造性地改变点的位置、数量、排列方式、色彩、材质等任何特征，从而产生意想不到的艺术效果。

二、造型元素——线

一般来说，点的轨迹称为线，并且线在空间中起着连贯整体的作用。在服装设计中，线条作为另一种造型元素，经常被用于各种服装造型中。

在服装设计中，中线主要表现为三类：直线、曲线和不规则线。根据服装表达呈现方式的不同，线的长短、粗细、材料、颜色、位置及方向都会发生变化。不同特征的线带给人们不同的视觉体验和心理感受。水平线平静而安定，曲线柔和而圆润，斜向直线有方向感。通过改变线的长短，可制造出纵深变化的空间感，而改变线的粗细可产生光线上明暗变化的视错效果。

在服装设计中，线的表现形式多种多样，如外轮廓造型线、内部剪裁线、服装结构省道线、褶裥线、装饰线，以及面料上的线条图案等。各种各样的线可以有形状、颜色和材料上的变化等，不断变化的线构成服装设计的整体形态美，体现线的无穷创造力和表现力。在服装设计过程中，巧妙改变线的长度、粗细、颜色和材质等组合关系，将会创造出丰富多彩的构成形态。

三、造型元素——面

在服装设计中，面作为造型元素，其表现形式有别于传统意义上的面。例如，点元素的密集组合可以形成面，线元素的排列也可以带来面的视觉效果，一个色块可以形成面，一种材料的造型也可以被视为一个面。面在服装中有形态、颜色和材料上的变化。

在服装设计中，面具有二维空间性质，有平面造型和曲面造型之分。同样，面又有具体的构成形态，如方形、圆形、三角形、多边形，以及不规则偶然形等不同的表现形态。不同形态的面有不同的特性，如三角形给人带来不稳定感、不规则偶然形具有生动活泼之感等。

在服装设计中，面对面分割或组合及面与面的重叠或旋转形成新的面。面的分割有直面分割、横面分割、斜面分割、角面分割等几种方式。在服装中，轮廓及结构线、装饰线为不同的服装分割会产生不同形状的面；同时，面通过分割组合、重叠、交叉所呈现的平面又会生成新的不同形状的面。这种通过面的形状变化所呈现出来的布局丰富多彩的面，它们之间通过不同比例大小、肌理变化和色彩配置，以及不同的装饰手段，会产生风格迥异的视觉艺术效果。

四、造型元素——体

在服装设计中，造型元素体的表现形式也是多种多样的，既可以由面与面组合而成，也可以由点、线、面几种造型元素叠加组合而成，其组合形式、造型多样，具有三维立体的视觉效果。

不同形态的"体"拥有不同的特征。同时，"体"也从不同的角度展现不同的视觉形态美。造型元素"体"是自始至终贯穿于服装设计中的基本要素。在设计过程中，要树立完整的立体形态概念，从服装整体入手建立完整的立体形态概念：一方面，服装的设计应该符合并满足人体的形态和人体运动时的变化需要；另一方面，通过对造型元素的创意设计，可以使服装具有独有的风格特征。

本身擅长在服装造型设计上制造强烈雕塑感的日本著名设计师三宅一生，巧妙运用服装造型元素创造出了独特的个人设计风格。在2011年12月秋冬女装时装展上，三宅一生展示了立体折纸概念与现场改装表演，解构主义及轮廓性都表现得极强，无论是棱角坚硬的波浪纹装饰，还是利用红、灰、黑三色组合而成的立体方块感服装，都彰显了三宅一生独特的设计手法。

将点、线、面、体等元素合理地应用到服装设计中，会使服装呈现丰富多彩的视觉效果。在运用这些元素进行服装设计时，应注意其在色彩、大小、面料、材质、肌理和明暗等方面进行设计组合再应用，可以单独使用，还可以尝试多种组合搭配使用，从而让服装整体达到理想的视觉效果。

第三节　形式美的美学原理及其在设计中的应用

和其他艺术一样，服装也不能按照固定的公式进行衡量，因为每个人的感知是不同的。然而，从古今中外的服饰中仍然可以找到被人们所公认的美的概念，总结出相对独立的形式特征，并发现其规律性。形式美的这些共同特征被称为形式美学规律，也就是指对称性、平衡性、变化性、对比性、统一性、比例性、节奏性、韵律性等。形式美体现在衣服的色彩、风格、质地和装饰上，并通过特定的细节（点、线和面）、结构和模型表现出来。形式美原理的具体应用需要注意整体的完美表现。在表现服装的整体和谐美时，必须注重和谐与对比、比例与规模、统一与变化、对称与平衡、节奏与韵律、重复与交替。除了主题和内容，服装设计还必须有一个完美的艺术形式，以更好地表现内容的美感。在进行设计时，恰当使用形式美法则，巧妙地结合服装的特定功能和结构，可以推出一种新款式的服装风格。

一、服装形式美的最高形式——有机和谐

服装完美与否取决于它是否和谐、有机，而和谐与有机的本质包括五个方面：多样性的统一、统一的多样性、比例与尺度、重点强调、视错。

（一）多样性的统一

和谐与有机包含着多样性与统一性，二者是对立的，它们总是以一种完整的服装组合方式共存。多样性是绝对的，统一性是相对的，多样性是不一致的，展示了它们从微小的差异到完全的不同。例如，圆是最简单和均匀的几何体，但圆上每个点的位置和方向都是不同的并且是正在移动着的。

设计师在设计服装时，必须在多样性的元素中找到统一，这样能使单调变得丰富、复杂变为一致。蕾丝装饰的使用使得上衣的款式均匀，但蕾丝装饰的位置并不相同。

（二）统一的多样性

统一并不是只有一个面貌，而是具有多样性的本质。统一的多样性可以分解为最典型的两极形式，分别有：调和与对比、均衡与对称、节奏与韵律等形式规律。

1. 调和与对比

通过有规律组合相同和相似的因素，使差异面的对比度降低到最低限度，称为调和，并且其所构成的整体具有明显的一致性。例如，相同和相邻的颜色、相同的质地和类似的面料，都可以达到非常和谐的效果。

通过将相悖、相异的因素进行组合，不同因素之间的对立上限称为对比。对比是所有艺术作品生命力的所在。同样的原则也适用于服装，例如：款式的长和短、宽和窄的组合；色彩中的对比色与互补色的组合；具有相反纹理和不同物理特性的织物组合；等等。

2. 均衡与对称

在视觉艺术中，平衡中心两侧的分量可以是相等或相似的。因此，均衡可以分为两类：规则平衡和不规则平衡。

规则平衡也就是轴心两侧的形状为等形、等量，通常被称为对称性，像中山装就是典型的左右对称形状。对称设计被大量广泛地使用，可能与人体本身基本对称的事实相关。对于对称设计，人类的视觉总是以重复扫描后的稳定性为中心的。鉴于此，艺术家提出了"突出中心"的原则。总体来说，不规则的均衡即是平衡的，也就是轴的两侧是非等形、非等量的，但在视觉感知上是平衡的，就如同是天平两边等重以后的情形。

3. 节奏与韵律

节奏和韵律在原理上与诗歌和音乐有许多相似之处。节奏是单一形式进行的有规律的重复。从形式规律的角度来看，它可以分为两类：重复节奏和渐变节奏。

（1）重复节奏

重复节奏由相同形状等距排列形成，同时这也是最简单、最基本的节奏，并且它还是一个周期性的、简单而又统一的重复。例如，具有皱褶的裙子，每个皱褶间距相同，形成最简单的重复节奏。

（2）渐变节奏

每个重复的单元包含一个周期性较长且逐渐变化的因子。例如，形状逐渐扩大或缩小、位置逐渐升高或降低、颜色逐渐变暗或变亮等，就像是逐渐减弱的音乐，产生柔和的、模糊的节奏和有序的变化。尽管这种变化是渐进式的，但在强弱之间的差异仍然是异常明显的。这是一种平稳而有规律的锻炼方式。如果将重复节奏比喻为跳跃，那则可以将渐变节奏描述为滑翔。

韵律是一种兼有内在秩序又包含多样性变化的复合体。它是重复节奏与渐变节奏的自由交替，其规律性通常隐藏在内部，是一种表面上自由表现，它是一种难以把握的形式美。在构成中，有吸引力的形状有助于韵律的生成，曲线也有助于韵律的产生，运动轨迹如流线型轨迹、抛物线等也对韵律的产生有帮助，即使是具备成长感的事物也具备一定的规律，如植物的藤蔓每天都以向上伸展的弯曲姿态出现，给人一种美妙的旋律感。

（三）比例与尺度

比例和尺度与数字有关，但都可以转化为可量化的美。人体每个部位的大小都有一定的比例。服装作为人体的一个包裹物，所以它也必须满足符合一定的比例。那么，什么比例才能达到和谐美的标准呢？就是"黄金分割"比例。

1. 黄金分割比例

古希腊人很早就发现了黄金分割比例法，并认为它是最美且适宜的比例。黄金分割比是通过数学方法得到的一个适当的分割比例，即当一条线段被分为a（长段）和b（短段）时：。a：（a+b）≈0.618

人们充分认识到黄金分割比在造型艺术中的美学价值，并将其广泛应用于雕塑、建筑、印刷、摄影等设计应用中。同时，他们也找到了人类发现黄金比例的一个十分神秘的原因，那就是人体本身的模数系统就基本符合黄金分割比例。

2. 模数系统

20世纪40年代，法国建筑师勒·柯布西耶（Le Corbusier）提出了一种基于人体基本比例的系统。该系统源自黄金比例：假设一个人的身高为175 cm，举起手臂后的总高度为216 cm，肚脐的高度正好为108 cm，肚脐和身高的比例恰好是黄金比例；肚脐到头顶，以及从头部到手指顶部的比例也接近黄金比例，因此这个系统被称为模数系统。可以说，柯布西耶提出的模块化系统是对前人在设计领域中应用尺度和比例的一种经验总结。

3. 服装的比例

服装是按一定比例制作的，如衣领的大小、口袋和纽扣的大小及配件的大小按一定比例制成。也可以说，不存在非比例的设计，因为会使服装失去协调性和艺术的美感。服装的比例可以分为两类：分割比和分配比。

所谓的分割比例是一件衣服和每个衣片之间的大小关系，它被分为个体以形成一个完美的整体。因此，设计服装时应优先考虑整体特征的统一性，以便组织可以改变个体。不同的体型可以决定分界线的位置和形状。服装分布的比例是在服装具有整体形式之后依次将个体分配到上面，如在分界线上布置纽扣、在衬衫口袋处布置饰帕、在衣襟上布置胸针等，而这种安排也应符合一定的比例。

（四）重点强调

服装的重点是最具吸引力的视觉中心，同时也是服装的亮点。有了强调的重点，服装就像音乐一般有了高潮的部分。而强调的视觉中心位置和形状是根据服装的整体概念进行艺术排列的。例如，有一款男士服装的设计，黑色毛衣上的彩色条纹非常醒目抢眼，这是设计师关注的重点。当然，有些服装款式并没有强调它的重点，但它们却表现在配饰、珠宝和其他配饰的视觉中心表达上。

由此可知，上述形式美的规律，如调和与对比、对称与平衡、节奏与韵律、比例与尺度、重点强调等，可以归纳为三类：量的秩序、质的秩序、时间的秩序。

（五）视错

视错又称视错觉，是指在客观因素的干扰或心理因素的支配控制下，人的视觉会产生与客观事实不相符的错误现象。人类的眼睛具有一种特定的趋向，即如果同一物体处于不同的位置或环境背景下，很容易产生视错。视错现象不是客观存在的，而是由于人类的大脑皮层对外界刺激物的分析产生了困难。视错的出现受物理、生理和心理等因素的影响。

视错作为一种普遍的视觉现象，对造型设计有一定的影响。在设计创作中，研究视错的原理和规律性并对视错加以合理运用，可以使设计方案更加完美和富有创造性。

1. 尺度视错

尺度视错又称大小视错，它是指对事物的尺度判断与事物的真实尺度不一致时产生的错误判断。

（1）长度视错

长度视错是指观察者在长度相等线段产生的视觉上的错觉，它是由位置和交叉点等环境差异或各种诱导因素的不同形成的，从而使观察者产生视觉上的错觉，认为它们并不相等（如图3.1所示）。

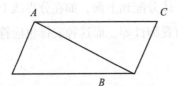 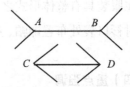

（a）AB与BC等长，但是看起来AB比BC显长　　（b）AB与CD等长，但是看起来AB比CD长

图3.1　长度视错

（2）角度视错

角度视错是指物体的固有形态在其周边角度物体背景的影响下出现的不同视错觉现象（如图3.2所示）。

（a）　　　　　　　　　　（b）

图3.2　角度视错

资料来源：戴文翠. 服装设计基础与创意［M］. 北京：中国纺织出版社，2019：70.

2. 分割视错

分割视错是指给某个造型设计了内部分割线之后，原来的造型轮廓仍不变，但产生了一种与原来的造型在视觉效果上发生明显变化的一种视错现象。

这种视错也被称为分割设计视错。其常见类别有：垂线分割视错、横线分割视错、斜线分割视错。

3. 形状视错

形状错觉是指当人类的视觉对形状的认知与形状的实际情况不一致时产生的形状视错。

（1）扭曲视错

相关因素或环境的干扰，导致形状的视觉影像发生变化，进而使形状发生不同的扭曲变形现象，以这种方式形成的视错称为扭曲视错。

（2）无理视错

无理视错是指由自身或背景环境而引起的诱导干扰，导致环境变化或产生某种动感。

4. 色彩视错

当我们看一个物体的颜色时，经常同时看到周围的其他各种颜色，并且这些颜色也会影响该物体的颜色。这种同时看到两种及以上的色彩，这些颜色在人们眼中发生的视觉反应，就是所谓的色彩视错现象。

（1）对比色彩视错

当仔细地盯着某物观察到一定的时间后再把目光移开，此时影像不会突然消失在视觉记忆中，而是会残留一段时间，这就是残像现象。即使在看到具有强烈对比度的黑色或白色后，也会发生残像现象。也就是，看过黑色后会形成白色残像，看过白色后则形成黑色残像。这种残像现象也同样也会在彩色中发生，并且残像一定是补色，即所谓的"补色残像"。

由于残像等原因的影响，使色彩看起来比实际情况发生不同的一些变化现象，称为色彩的对比视错现象。

（2）同化色彩视错

与对比现象不同，被放置在背景色上的颜色有时会被底色同化，这种现象称为"同化现象"。

（3）色彩膨胀与收缩、前进与后退

相同大小的颜色面积范围有时看起来却比实际稍显大或显小，在同一位置放置几种颜色，看起来却像发生远近变化，这也是一种视错现象。

二、形式美的终极目标——新颖

无论是科学创造、艺术创造还是技术创造，它们的共同特点都是具有新颖性，对于服装设计来说也是这样的。而且，由于消费者通常具有"喜新厌旧"的心理，服装的流行性极强，消费者对新颖服装的需求也更加迫切。因此，服装企业和设计师应以新颖作为服装形式美的终极目标。

首先，新颖是在科学合理的基础上建立起来的，应考虑服装穿脱的合理性、生产的可行性及人体舒适性等科学因素；其次，它还不能过于保守，不能照搬前人或他人的设计，应具有不同于其他人的鲜明艺术魅力。也可以说，服装设计的灵魂就是新颖。

服装的新颖性不仅体现在非常规性的款式设计上，还体现在面料的二次艺术加工、服装的结构设计和缝制工艺的创新上。

如果正确运用服装设计的形式美原则，最终呈现的产品需要具有以下三个特点：①完整性——强烈的整体感；②层次性——充满层次感；③重点性——突出强调重点。

第四节　服装设计的美学规律

设计美学是一门研究艺术设计在社会、自然、文化等领域的美学规律和创作过程的哲学，其探索艺术创作美的本质，并将创作过程中的关系联系起来。

从社会的角度来看，设计美学是对生活、生产用品和社会环境美化的审美表达。它是创作者或设计师使用不同科学技术、艺术方法和技术表达的过程，同时其创造出来的形式具有实用性、易用性和视觉美的特点，以此来满足人们的生活需求。与此同时，它的形式还能有效地给用户带来心理和精神上的愉悦。

从文化的角度看，设计美学是一种审美哲学，它贯穿于一系列过程中，包括灵感、设计、计划、制作、生产和使用，而且它还是美学、哲学、艺术、工程、社会学、心理学等集合在一起的美学表达。它不仅表达了人们物质生活和精神生活的协调需求，也反映了社会生活方式和思维方式，是时间、科技、思想、艺术和美学观念的综合性体现。

一、设计美学

（一）设计美学的核心内容

从设计过程的分析来看，设计美学的核心内容有以下三个方面。

1.设计形成

设计师的思维、灵感、计划、概念和认知的形成过程是设计的核心和灵感探索的源泉。

2.设计表达

设计表达就是计划、构思、想法和解决问题的方法都在视觉上传达、表现出来，这也是设计产品中的视觉元素的组合，它包括样式、颜色和材料。

3.设计效果

设计效果是视觉传达后，设计方案的实践、具体应用和社会反思，是视觉元素搭配的文化内涵，包括时尚、科学和适用性。

（二）设计美学的特征

1.综合性

形态表征、文化内涵和延伸构成了设计美学。形态表征指的是设计对象通过视觉形式表现的艺术美，主要表现为视觉形式的设计形式之美，比如形态美、配色美、材质美、细节装饰美及配合和谐美等，它们是一种可见的视觉元素。文化内涵包括设计对象视觉形式的艺术风格与设计艺术哲学交织在一起的时尚艺术内涵，如复古之美的设计美、流行艺术风格，以及由此产生的构图和衍生哲学内涵等，都是精神世界的感性内涵。延伸是对美学设计源头的扩展探索，它是设计技术美感、设计师个性及个性魅力和品位风格的展现。

安东尼奥·高迪（Antonio Gaudi）是20世纪最杰出的西班牙建筑师之一，也是"新艺术"运动的践行者。他的建筑作品突出强调曲线和有机形态，体现了设计美学的综合性，这在他设计建造的巴托洛公寓中得到了淋漓尽致的展现。

2. 特定性

设计美学旨在探索、研究当代人的生活方式和精神需求。它以特定的社会物质和生活环境为背景，以不同民族、不同民间文化群体的审美差异为研究对象，将社会环境、人们的生理和精神需求与理解和创造过程有机地联系起来，并且设计之美包含在创作过程之中。现代设计的认知过程是基于改善现代社会及生活的计划。它的决定因素是现代社会标准、现代经济和市场、现代人的身体和心理需求、现代技术条件、现代生产条件等。

3. 情感性

人们的意识形态在设计中表现为情感，这是设计美学中的情感因素。特别是情感体现了设计师的个性修养和综合素质，能够体现设计的美感。产品美是一种艺术哲学，它表现了设计师或消费者的气质、文化内涵和艺术表达，消费者感知水平也将影响设计市场的消费者趋势。因此，设计师的品位、修养和品质是美的情感和艺术设计的有效保证。

意大利设计师马西姆·约萨·吉尼（Massimo Losa Ghini）设计的"妈妈"（Mama）扶手椅，造型简洁又不失厚重柔软，带给人温暖、舒适的感觉，进而使人获得身体和心理上的一种安全感。

4. 科技性

科学技术的发展给人们带来了各种舒适、美观、新颖、特殊的质感结构、绿色环保的服装辅料，满足人们寻求新鲜、舒适的基本生理需求。艺术与美学的融合可以带来更高级的视觉和心理需求。科学技术为现代生活和工作带来了快速、舒适和便利，而艺术哲学给人们带来了氛围和精神愉悦上的享受，两者的统一满足了新时代人们对物质文化的需求。

荷兰设计师阿努克·维普雷希特（Anouk Wipprecht）致力于探索时尚与科技的完美结合。他所设计的蜘蛛服的机械部分在穿着者身体上会抖动，尤其是当不怀好意的人靠近时，蜘蛛的机械爪会扩张并伸展出来。

二、设计的审美规律

不同类型的设计有不同的表现形式，但设计的美学仍然是有规律的。这些规律是通过长期观察、排序和总结归纳后得到的。理解和掌握这些规律将有助于提高设计的审美判断能力和创造力。

（一）单纯整齐

"单纯"的意思是纯粹、没有明显的差异和对比。"整齐"意味着整合、统一，无变化或有序和有节奏的变化。秩序感是美学的一项重要原则，例如，阅兵式上整齐的仪仗队，相同的身高、统一的制服和阅兵时相同的动作都显示出整洁和宏伟的美感。这就如同建筑物，按规律排列的窗户和玻璃墙给人一种整洁美丽的感觉。在日常生活中，人们也喜欢简约之美。例如，统一起居室或客厅的颜色，书架上的书应该有序排列；宜家的各种存储设计深受人们欢迎的原因，正是在于它是设计师为了满足人们的日常生活需求而进行的设计，能够保持人们生活和工作环境的整洁有序；在一个注重整体意识、强调秩序和规则的团队中，穿着统一的服装能够让身处其中的人们意识到自己是团队中的一员，并让他们具有集体感、向上、积极、力量等美学感受。

（二）对称均衡

对称均衡是指通过平衡两边的量而达到的平衡状态。在造型艺术中，平衡意味着形状的基本要素形成了相对统一的空间关系。

对称均衡将整体中不同的部分或元素组合成一种稳定的感觉。该定律广泛应用于不同领域之中，是设计稳定性的原则。如果只有形式一致、同一性的重复，那还不能组成平衡对称。要有平衡对称就须有大小、地位、形状、音调之类定性方面的差异，这些差异还要以一致的方式组合起来。只有把这种彼此不一致的定性结合为一致的形式，才能产生对称平衡。对称与均衡之美需要事物在差异与对立中达成平衡性与一致性，并取决于视觉和心理上的感受。只有当参与设计的个体在感觉上达到平衡时，才能达到设计的统一效果，这是造型、颜色匹配、面积和比例的重要原则。

（三）韵律及节奏

节奏指的是相同的动作、相同的节拍和相同的时间等。它是一种表达运动的原则，是事物运动规律的有序变化。在服装领域的设计中，线的流动、色块的形状、光与阴影及光线的重复和重叠都可以反映出节奏的变化。通过线条的规律变化，成形的光影与块状的交替重叠可以引起和控制人类视觉方向及视觉感受有规律地变化，从而引起心理和情绪的变化。

作为造型艺术中的一种，服装在空间中占有一席之地。当人们欣赏一件衣服时，他们的视线会随着构成服装的点、线、面、形和色的过渡变换及排列方向进行时间性的移动，进而就会产生一种旋律感。例如，衣服的纽扣、口袋、衣领的组成、裙子的皱褶及裙摆等，都具有这种节奏的效果。

（四）比例匀称

比例是指两个值之间的对应关系，即一个物体的整体和部分、物体的部分和部分、质量比和身体比例间的比较。尺寸与维度之间的关系处于一种统一美状态，即美的比例。形状之美需要具有完美的比例，比例上要求产生对称效果。中国现代画家徐悲鸿提出改良中国画的"新七法"，其中重要的一条指的就是比例："比例正确，毋令头大身小，臂长足短。"古希腊的毕达哥拉斯学派就曾提出过著名的"黄金分割律"，它被许多学者和研究者认为是形成美的最佳比例关系。可见，经过事实证明，比例匀称是视觉艺术审美的一条重要法则。服装中的比例关系是指身体长度与服装之间、分割线位置、领子与服装整体之间、扣子与个体及整体之间等局部与局部、局部与整体之间的比例关系，它是创造造型美的重要手段。

（五）调和对比

调和与对比指的是事物的两种不同对比关系，它反映出两种不同的矛盾状态。调和是异中求"同"（统一），而对比是同中求"异"（对立）。调和是将两种或者多种相接近的事物并列放置在一起。"桃花一簇开无主，可爱深红爱浅红？"表述的就是在桃花的红色中，深红与浅红的变化给人以欣喜的感觉，这种色彩深浅浓淡的层次变化也能表现出调和的效果。对比意味着把两种完全不相同甚至相反的东西并列放在一起，凸显出它们之间的差别，由此创造出鲜明、强烈的对比效果。例如，光线明暗、色彩浓淡、空间虚实、体积大小、线条曲直、线条疏密、形态动静、节奏疾缓等手法，都是调和与对比为了突出视觉印象，以达到增强审美效果的目的。

（六）主从协调

主从协调意味着构成审美对象的每个美学要素应该具有主从关系。协调和标准化具有相似的含义，但在范围上存在一些差异。协调更多的是指局部与个体、整体与局部及稳定与变化之间的协调关系，这是一种相对狭隘的相互关系。协调是统一的准备阶段，个体之间的协调是整体统一的先决条件。在各种设计元素的布局和组合中，中心应突出、明确，给人以生动深刻的印象。同时，它必须主从呼应、相互协调，并使之成为一个有机的整体。在服装设计中，构成服装的不同元素之间的协调不仅包括形状与形状的协调，还包括材料、风格、颜色、质地和纹理的组合。此外，颜色和形状、颜色和材料、人和服装也必须相互协调。

第四章 服装设计的创造性思维方法

创造性思维是一种新颖的原创意识，创造性思维方式是设计思维的灵魂，它具有原创性、主动性、自由性、分歧性、艺术性和非模仿性等特点。创造性思维与时装设计之间存在着必要的联系，失去创造性思维的服装只能称为衣服，谈不上服装设计。许多人认为，创造性思维之所以是设计的灵魂，是偶然因素产生的独特的结果，因为它是无法捕捉和不规则的。然而，对大量创造性行为的分析证明，它在一定范围内呈现出规律性。此外，各种实践表明，通过教育培训可以提高创造性思维能力，接受过创造性培训的人的创造能力比未受过教育的人高3~9倍。然而，创造性思维的形成是一个复杂而长期的过程，培训不仅要有序、合理地进行，还要依照多维度的顺序，并且方法应该呈多样化，操作过程应根据情况灵活变通而又合理化。因此，这就需要采用科学的培训方法，全面提高设计师的创造性思维能力。

第一节 联想类比法

一、联想类比法的基本原理

（一）联想类比法的概念

联想类比法是指通过一系列积极、主动和自由的想象，与设计无关的其他事物发起的思维活动，灵感回归设计主题以产生好的创意想法。这种联系是创造性思维的基础，起到催化剂的作用，并将其融入创造性设计过程。许多奇妙精彩的新想法往往是由联想的火花点燃的。人们通常习惯于根据现有经验在特定的环境、某个空间和范围内进行讨论。然而，这种方法通常有一些局限性，会阻碍设计师的思考。因此，当人们有意识地移动视线并进行视角交换、拓宽视野范围、突破传统的时空概念、从未知的角度分析事物时，很容易引发新奇的设计灵感，但这并不意味着联想本身不具有创造力，这是一种从一种表达形式转变为另一种表达形式的思想观念。在此期间，它不会改变想象中的一切东西。因此，在设计运用创意思想时，设计师需要通过类比先使用想象力，并将在大脑中存储的各种信息进行收集和积累，再关联两个或多个看似无关的事物和知识，比较它们之间的一些相似之处，进而获得灵感。

（二）联想类比法的分类

联想类比法，简称"联想法"，可分为自由联想和强制联想。

1. 自由联想

自由联想是一种无限、随机和不受约束的联想，比如在白天可以联想到白云，看到白云又想到蓝天，看见蓝天再联想到飞机。

2. 强制联想

强制联想有意识地限制了联想的主题和方向。在开始进行设计概念时，设计师通常会选择灵感来源。例如，看到某一个场景或图像会产生一系列联想和类比，最终会用服装语言表达出来。在设计过程中，并不是所有条件都允许进行现场实地调查，所以可以通过观看一些可以激发灵感的图片来帮助自己建立其关联。通过观看图片产生的这种关联称为图像关联，图像关联是最为有效和可行的方法之一。利用与正在解决的问题相关或无关的图片，在图片和需要解决的问题间建立起某种关联并进行类比，最终获得创意想法。通过这种强制性的联想，可以激发人们的创造性思维。

二、经典案例分析

（一）从"埃及艳后"到高级时装

古埃及作为一个神秘的文明古国，其独特的民族元素一直吸引着人们不断探索。无论是法老、金字塔、埃及艳后和木乃伊等象征性符号元素，还是卡拉西斯、丘尼克及多莱帕里等服装款式，它们至今都不断出现在时装舞台上。其中，最引人注目、最令人印象深刻的设计作品是国际品牌迪奥（Dior）于2004年在巴黎发布的春夏高级女装。这些设计作品的灵感来自埃及的古代元素，设计师约翰·加利亚诺（John Galliano）从古埃及丰富多彩的文化遗产和迪奥经典的"H"廓型剪裁中汲取灵感。

他将闻名世界的古埃及之美进行了现代化演绎，从中酝酿出一个新剪裁的狮身人面像系列，即斯芬克斯系列（Sphinxes Line）。在这个系列中，服装、色彩、配饰和妆容都被生动地描绘出来，展现出古埃及庄严而华丽的风格。在舞台灯光映衬下，模特穿着一袭璀璨耀眼的金箔连身裙，袖口像两朵巨型花朵一样绽放，这让服饰不仅保有存在感，而且符合"窄、紧、瘦"标准的要求。整个系列在材质运用上颇为精致考究，银箔、金箔、天青石、珊瑚钉珠等纯天然材质使服装具有强烈的历史厚重感；除恢复狮身人面像和埃及艳后克莉奥帕特拉七世的原始形象外，它还展示了古埃及的岩壁绘画和动植物崇拜等。在这次时装展上，加利亚诺不仅借鉴古埃及女性的服装款式，还参考其奢侈、华丽的装饰手法，将尼罗河两岸的文化精粹融入时尚秀场上旖旎的风采，让人仿佛回到了那个古老久远的年代。

（二）时装上的"海底世界"

在2010年举办的伦敦春夏时装秀上，著名设计师亚历山大·麦昆组织了一场似乎营造在海底世界的视觉盛宴，用时尚的语言诠释了自然的主题。麦昆令人难以置信的创造力在此次时装秀上得到了生动体现：精心制作的海洋爬行动物印花图案和紧身的腰身，钟形花裙的轮廓从绿色和棕色逐渐变为浅绿色和蓝色，仿佛使人看到蓝绿色的海洋从玻璃底部开始，加在带衬垫的臀裙的轮廓上一样。此次展示的每件作品都是经过计算机技术和设计师标志性高级时装创造出来的。麦昆此次表现的设计逻辑是：为未来生态毁坏的世界末日试镜，人类从海洋生物演化而来，由于未来冰盖的融化，人类可能会再次回到水中去，并与海洋哺乳动物融为一体，出现了如鲨鱼般的裤子。虽然麦昆没有脱离他原有的设计风格，但他运用计算机技术创造出来的这场移动影像戏剧，让他在当时再次走在了时尚前沿。

第二节　移植借鉴法

一、移植借鉴法的原理

通过对国内外许多成功案例的研究，人们发现这样一种现象：许多项目具有相似原理和不同的功能；类似的结构，使用不同的材料；类似的方法，运用不同的应用类别；相似的形状，有着不同的用途；等等。因此，人们也通过这种形式参悟出了一种创造性思维方法——移植借鉴方法。

关于移植的定义，在农业中，移栽植物幼苗在其他地方被称为移栽；在医学上，将身体或器官的一部分移植到自身或他人的某个特定部位也被称为移植。移植发明是指通过在一个领域中将原理、方法、结构、材料、用途等移植到另一个领域来发明新产品的方法。因此，我们可以依靠事物及其有关的多样性原则，通过对其他学科和姊妹艺术的分析和比较，从多个不同角度获得新的想法。

当设计师从某个特定场景、音乐、诗歌、艺术潮流、流派作品和重大事件中汲取灵感获得启发，并用独特的服装形象加以表达时，设计的服装创造了一种意境和视觉感受，并且与自己的感知是一致的。在时装设计中也经常使用的姊妹学科，包括建筑、构图、手工艺品等。在这些领域，无论是造型、材料、纹理还是技术，都可能成为移植的对象。当然，在应用时需要提取其中的共性元素并适当地表达出来。

二、经典案例分析

（一）以建筑为借鉴对象

建筑和服装都是人类在某个时期的创造。从本质上讲，建筑形式和服装设计是人体的空间建筑艺术，其中，人是载体，建筑和服装是容器。因此，服务于人类的事物必须体现以人为本的设计原则。不管是一栋建筑物还是一套服装，无论其形状如何，都是三维空间中基本几何形状的组合，具有强烈的立体感。根据人体生理学内在的固有特征，服装的形状要求在空间结构上变化相对较小，而建筑形式则比较复杂。因而，无论是建筑还是服装，都涉及比例、规模、现实和节奏等关系的处理。

事实上，作为一种"软雕塑"的服装设计，有着与建筑相同的效果。哥特式风格有一个明显的"锐利三角"，其鲜明的个性影响了当时的时尚美学和设计。女人高大的圆锥形帽子就像高耸的教堂顶部，但其背后柔软的长飘带使得服装更加优雅。当时的男士也喜欢戴上尖头形状的头巾，穿上尖头鞋，服装的所有特征都呈现出锐角三角形的形状。当今的时装也有很多类似的风格，"建筑风格"就是其中之一。这种服装强调简洁的风格及注重服装的结构，并赋予了其独立的立体结构。因此，服装的设计理念类似于建筑师的工作理念，工作表达也具有类似于建筑物的外观特征。通过对"建筑"服装的造型和应用元素的分析，从中可以看出服装的风格以抽象和大胆的几何形式来表达，因此成为建筑时尚的主要特征之一。20世纪60年代的皮尔·卡丹与吉恩·瑞奇（Gene Ricky）推出的"太空风貌"（Cosmonaut Look）等系列就是对此最好的注解和诠释。

这一系列时装最初是人类征服宇宙的愿望及在时尚领域展示的未来主义艺术的愿望，但几何风格、仿金属色纹理和钢盔头型具有强烈的"建筑风格"特征。西班牙设计师帕科·拉巴纳（Paco Rabanne）就是以其怪诞的设计风格而闻名的，而被称为"时尚极客"。这是因为他研究过建筑学，所以可以完美地表达服装的"建筑风格"。他擅长使用"街区结构"来创造"长城衣领"，以及使用夸张技术创造的"城堡外套"，上述列举均是这方面的成功代表。此外，从结构上看，2008年北京奥运会体育场的"鸟巢"和法国著名设计师帕康夫人（Jeanne Paquin）设计的鸟类服饰也具有同样的效果。两者都是由线成面、由面成体，并在表现形式上是一致的。

同时，设计师经常使用现代建筑的框架结构或线条、面和其他形式的组合来指代服装的设计，这些组合通常会产生令人难以置信的美。詹弗兰科·费雷（Gianfranco Ferre）作为一位大师级设计师，他知道如何通过线条和建筑感的街区创造立体感，并通过这些技术将时尚和时尚之间的碰撞转变为可以表达时尚的常规方面和艺术方面。

（二）以折纸艺术为借鉴对象

折纸是一种古老的民间工艺，近年来经常出现在时装设计中，其中频繁出现大量的折叠表现手法给时尚带来了新的感觉。这种旧元素以新的方式回归，并通过折叠和修剪织物强调新的视觉效果。折纸艺术是通过大量工艺制作的纸花和纸艺作品，其最大的特点是它的体积感和雕塑感。以折纸为代表的艺术形式是人类一直追求的，其与服装设计在某些方面具有高度的统一性。

近年来，在法国著名品牌的作品中，折纸艺术在时装设计中的应用并不少见。例如，迪奥高级定制服装"Dior Haute Couture"在2007年的设计作品中使用了大量折纸技术。各种折叠技术被置于时尚T台上，折纸技术和服装通过面料的颜色和形状的完美结合，让人们在视觉上极为愉悦。设计师通过对加工面料的颜色和形状的研究，终于实现了百合形状与服装的完美结合。然而，在扁平的折纸工艺中，百合的形状很容易实现。因此，一旦这些折纸的美丽形状融入服装中，就会绽放出一种新的光彩。

第三节　信息交合法

一、信息交合法的基本原理

信息并非停滞不前的。通过人类的努力，可将许多不同类型的信息结合起来，从而创建新信息并增加其价值。例如："钢笔"和"望远镜"会结合形成钢笔式单管"望远镜"；"生物学"和"分子"相遇产生"分子生物学"；"文化"与"旅游"相遇则产生"旅游文化"。据此，徐国泰的"魔球"（信息通信法）理论认为，人类思维活动的本质是大脑对信息的传入及其联系、运行过程和结果表达的输入反应。在组合过程中，这些信息会被重新识别并再次链接。通过有意识地将信息系统中的信息元素组合在一起以便它们在"信息反应领域"中，引入一系列新的信息组合（信息组合的物化是产品），以及技术发明和技术创新等。

二、信息交合法的实施程序

信息交合法的实施程序分为以下四步。

1. 定中心

确定坐标原点。例如想改造笔，就以笔为中心。

2. 画标线

用矢量标串起信息序列，并根据"中心"的需求绘制多条坐标线。例如，改造"笔"，则在"笔"的中心点绘制出时间（过去、现在、未来）及空间（结构、种类、功能等）的坐标线若干条。

3. 注标点

在信息标上注明相关信息点。例如，在"种类"标线上注明钢、毛、圆珠、铅等，意思即为钢笔、毛笔、圆珠笔、铅笔等。

4. 相交合

以一个标线上的信息与另一标线上的信息相交以生成新信息。仍以笔为例进行说明，"钢笔"与"音乐"交合可产生"钢笔式定音器"；"钢笔"与"电子表"交合可产生"钢笔式电子表"；"钢笔"与"历史"交合可产生有历史图表或十二生肖的钢笔；如果将笔尖与笔尾延伸，可以创新制造出一种带药盒、温度计、针灸用针的"保健笔"。在此基础上，仍可与其他事物继续进行交合，还可产生无数新信息和新联系。事实证明，这的确是一个切实可行的创造技法。

三、信息交合法的交合原则

（一）本体交合原则

本体交合是本体自身的分裂。原始信息系统和中因子的"相乘"倍增可以给人们带来改革设想。这种互动需要注意整个系统必须有X、Y、Z且X、Y、Z不适用于必要的概念。

（二）功能拓展原则

人们的思想往往受到习惯的约束和限制。打破习惯后，可以扩展任何产品的功能。例如，饮用杯可以在内壁上刻有刻度，用面粉做成的碗可与冰激凌一起食用，这在很大程度上是可行的且拓展范围很广。

（三）立体动态原则

在反应场中引入空间方位轴和时间轴。例如，杯盖嵌在杯子上，并且在盖子上绘制方向，这样的旅行杯可以改变方向、经度和时间；根据杯盖，还可以引入数学标准来生产制作功能杯和原木杯。此外，许多实践证明，"远距离杂交"越多、越困难，产生的结果越令人惊讶。

四、经典案例分析

如何设计一条简单的直筒裙？如果只需要简洁的造型，如何调整搭配面料上的色彩？或许圣·罗兰的蒙德里安裙能很好地回答这些问题。荷兰风格派画家彼得·科内利斯·蒙德里安（Piet Cornelies Mondrian）在其作品《红黄蓝构图》中，使用不同大小的红色、黄色和蓝色区域，形成强烈的色彩对比和稳定的平衡感。他使用黄金分割和几何系列，按一定比例分割和排列图像或图形，创造出丰富的节奏和秩序美。一般时装设计师不一定会喜欢这种明亮鲜艳的色彩，而圣·罗兰本身就是一位艺术家。正是这些绘画、雕塑、诗歌和音乐带给圣·罗兰设计上的灵感。圣·罗兰与皮埃尔·贝尔热的藏品之中包括不少荷兰画家、抽象艺术大师蒙德里安的作品。1965年，圣·罗兰推出了一系列女士短裙，该设计作品的灵感就是来自蒙德里安的绘画风格，图案是红、黄、蓝、白四色方格。在圣·罗兰的剪裁下，蒙德里安作品里的明快色彩和几何图案与时尚完美融合为一体。这些短裙一经出世就轰动一时，被称为"蒙德里安裙"，并与其他作品一起成为圣·罗兰的几大代表杰作，包括1962年胸前带有蝴蝶结的晚礼服、1966年的吸烟装和1971年的黑色花边露背鸡尾酒服装。而从20世纪60年代时装界的这件大事件开始，由圣·罗兰和其根据蒙德里安抽象概念创造出来的艺术图腾成为一种时尚界的流行元素，黑线加红、黄、蓝、白组成的四色方格纹自此成为潮流界经典，并于此后几十年间，潮流界轮番向四色格致敬。

第四节　形象思维法

形象思维是艺术创作和设计中最基本和最常用的主导思维方法。无论是艺术设计还是艺术创作，都是艺术形象的创造。因此，形象思维方法是艺术创作不可或缺的基本方法。

从科学的角度来看，形象思维是人类具有的本能思维形式，也被称为"直感思维"。它是一种本能的思维形式，通过直觉感来直觉再现对象，接收物体的图像材料，并掌握物体图像的特殊性。

一个婴儿刚出生并睁开眼睛，就会无师自通地运用想象思维来识别出很多事物，比如哪一个人是他的母亲、哪一样东西是奶瓶，这是形象思维的重要功能。婴儿和幼儿从他人的轮廓中掌握母亲形象的轮廓及其特征，从而识别和记住母亲的形象。当然，嗅觉在这方面也起着重要作用，但形象思维作为图像记忆和再现所起的作用是不可替代的。自婴幼儿出生，他便依靠图像与图像之间的联系来理解世界并理解他周围的环境。

从信息学的角度来看，形象思维是主体利用感觉、感知、外观、直觉，接收事物图像信息，并将其存储在大脑中对其进行编码、整合、处理、转换或重建的实践。它是一种认识和掌握事物的本质和规律的思维方式。人们不仅拥有第一个信息系统，也就是信息接收系统，并且还拥有第二个信息系统，即信息响应系统。人们不仅可以接收图像信息，还可以对这些图像信息作出响应，即对接收的图像信息进行编码和解码、构建和重建，并重新创建新的图像。这实际上是艺术设计在大脑中酝酿的过程，这是创造性思维形成的过程。

由此可以看出，形象思维在艺术设计及其创作中，具有不可替代的地位。无论是哪种创造性思维方式，都离不开形象思维的支持，文艺创作是这样的，艺术设计的创造更是如此。

一、设计观

设计观是人类设计活动的指导思想。它分为先进和老式、主动和被动，这与每个设计师的思维方式有直接关系。以美国杰出设计师雷蒙德·罗维（Raymond Loewy）为例，来说明什么是先进设计。罗维来自法国巴黎，年轻时在巴黎大学工程系学习，参加第一次世界大战并于战后前往美国谋生。最初他在百货商店设计了一扇橱窗，他的先进设计理念由此而诞生。他拆除了最初在窗口中显示的所有内容，然后在黑色天鹅绒背景下放置了一个缓慢旋转的多面玻璃球，将一朵黄玫瑰放置在球体上，并用灯光照亮整个多面体玻璃球，使其在多次折射下发光。然后在另一侧放置一件价格昂贵的狐狸皮大衣、一条围巾和一个漂亮的手提袋，这样橱窗的设计就完成了。以这种方式设计的橱窗就像一幅美妙的画作，特别是聚光灯使得多面玻璃球体散发出一点点移动的星光，吸引无数行人进入百货商店，进而完全达到吸引顾客的目的。对此，罗维有一句名言："窗口的任务不是提供商店销售目录。而是试图吸引顾客到商店。"

时装设计师先进设计理念的发展基于经验的一次飞跃。介于自由和非自由之间，超出设计者现有的经验及环境提供的客观条件和限制也是不可能的。然而，在相同的材料条件下，优秀设计与平庸设计总是伴随着而存在。两者的区别在于平庸、抄袭和模仿的设计，只将设计视为产品的表面装饰，很少研究产品的功能、结构和形状。这种设计者认为，服装上的装饰越多越好，市场上的许多服装都是在平庸的设计理念的指导下设计出来的。而优秀的设计具有想象和创作的自由，设计师在设计过程中完成了从数量的积累到质量的飞跃。这说明想象力和创造力在设计师的设计过程中是多么重要。

二、创造力

人类和其他动物的主要区别在于人类是有创造力的。创造力也被称为原创性，指的是原始和开拓性的劳动能力。英语中的"design"实际上被解释为计划和设想。因此，设计是人类根据自己的要求改变客观世界进行创造的第一步。在这个阶段，人类根据自己所获得的经验将创造出来的新事物活动推向前所未有的阶段。因此，想象力和创造力是最重要的设计基础。

在服装中，原创意识不仅要体现在款式设计上，还要贯穿服装成型的各个方面。其中，包括面料设计、款式设计、结构设计和缝纫工艺设计；同时，还包括更衣设计、穿衣设计、音乐设计、舞台艺术设计和其他二次创作。因此，为了提高服装艺术的原创性，设计师必须努力学习古今中外优秀的服饰艺术，以及其他艺术成就和前人的艺术实践，以便通过类比学会融会贯通并培养起自己的艺术通感；另外，还要不断拓宽视野，丰富艺术想象力，在实践中提高进艺术欣赏和创新能力；设计师必须具备文化视野，深刻理解民族文化价值观、民族艺术特色和民族文化艺术创新的当代和未来意义；设计师要有艺术眼光，学会站在东西方传统艺术大师的肩膀上，勇于吸收和融合民族艺术的特点，努力创造一种服装艺术的新语言、新风格；设计师需要有技术愿景，学会掌握困难的服装设计技巧。

最后，设计师要采用新技术，充分挥舞想象的翅膀，不断突破原有障碍，完善新的艺术境界；并且需要有市场的企业愿景，善于理解和引导人们关注消费市场的焦点和消费者审美关注点。

三、想象力

想象力实际上是图像思维的能力。设计师可以通过想象看到未来的设计结果，但不是用眼睛看它们，而是用大脑"看"。为了设计服装，首先，在原始产品的基础上，应该进行图像设计思考，假设它可以变形、组合、分解等，可以产生什么样的新的整体形状，然后构思其内部结构。这个在大脑中构思和想象的图像也被称为"心理模型"，因为它只存在于设计者的脑海中而不是现实中。

时装设计的想象力是多方面的，具体可归纳如下。

（一）空间艺术的想象力

服装是一种立体产品。服装设计师必须注意其凹凸的艺术效果，不仅要注意立体效果，还要注意前、后、左、右各个方向的不同设计效果，使其显示出身体的流动韵律和节奏感。

（二）技术美学的想象

发挥新的想象力，并从结构设计、剪裁技术和工艺制作中创造新的图像。

（三）环境美学的想象

为了使服装设计适应人类生活的不同环境，不仅要充分发挥服装的功能，还要美化环境。

（四）物理美学领域的想象

设计师真正需要理解的是，人体服装的功能之一是美化人体形态，并设计不同的形式满足不同顾客的消费心理。

第五节　逆向思维法

一、逆向思维的概念

人类思维具有一种方向性，且存有正向和逆向的差异。因此，也就有两种思维形式，正向思维和反向思维，两者是相对而言的。正向思维通常被认为是指沿着人们习惯性思维路线和方式进行思考；而逆向思维则恰恰相反，是指人们逆着正常习惯性思考的思维方式。

逆向思维方法是一种反对传统思维的思维方式，这是一种与固定事物或固定观点相反的思维方式。逆向思维不是一种自我训练的技术，而是一种思考或发明的方式。然而，要想成功探索这项能力，首先必须正确理解这种方法。

在客观世界中，存在着相互颠倒的事物，即事物的正面和反面，也就是思想观念上的积极与消极。正向思维和逆向思维紧密相连。当人们解决问题时，倾向于按照自己的习惯和传统思维方式来进行思考，即采取正向的思维方式。尽管他们有时能找到问题的解决方案并取得令人满意的结果，但在分析某些特定问题时很难找到答案。如果这个时候采用逆向思维，往往会得到意想不到的结果。因此，逆向思维是摆脱传统思维的一种有效的、创造性思维方式。

逆向思维作为一种典型的创造性思维形式，体现出了创造性思维的独特性、多样性、灵活性、新颖性、批判性和非常规性。从事物间矛盾关系的角度来看，逆向思维是指从一种现象的正面并联想到它的反面，或者从一种现象的反面联想到它的正面，通过识别事物的对立面并以此为基础的构思方法为逆向思维方法的基本思想。从思维运动的方向来看，它指的是思考作反向运动，采用相反的方向和思考问题的方式来改变思维顺序，是一种突破常规的思考方式。每个人都有自己的思维方式，因此在思考创意和开展设计的思维过程中，一般会按照正常的思维方式思考，而逆向思维就是要打破这种模式，从一个新的角度和多个方向思考，充分发掘头脑中的创意性想法。

二、逆向思维的分类

（一）逆原理思维法

一切事物都有其存在的基本原则。所谓的逆原理思维法是扭转事物的基本原则，并衍生出创新的结果。例如，在保罗·狄拉克（Paul Adrien Mauriv Dirac）以前，许多物理学家已经发现了反粒子现象，但他们因为传统、保守的想法，害怕或拒绝承认反粒子的存在。而狄拉克发现反粒子的过程就是通过逆原理思维法实现的。迈克尔·法拉第（Michael Faraday）的电磁感应定律也是逆原理思维方法的结果。

（二）逆重点思维法

当涉及处理问题、解决问题和进行科学研究时，人们总有自己的思维重点和目标。逆重点思维法，即在原有重点之外寻找新的焦点并改变研究目标，以取得创新成果的思维方法。例如，在20世纪初，人们设计的除尘器是将重点放在"吹"上，效果并不理想。而胡伯特·布斯（Hubert Booth）则将重点专注于除尘方法的"吸收"上。后来，经过多次实验，他利用真空负压的原理制成的电动吸尘器终于诞生了。

（三）逆结构思维法

逆结构思维法是指通过改变事物结构以达到创新结果的思维方式。例如，锅炉的低热效率就曾引起了日本的天雄昌吉的注意。他从锅炉吸热（通常知道锅炉产生热量）的相反角度研究，并认为通过改变锅炉结构可提高热效率。经过数次的测试和改进，锅炉的热效率提高了10％。

（四）逆位置思维法

逆位置思维法指的是反转物体位置以获得新想法的方法。根据事物的原始存在状态，我们可能无法获得新的想法。如果我们改变事物的原始存在状态，如改变事物的原始位置，就可以获得新的想法。

（五）逆功能思维法

逆功能思维法指的是用新的思维方式重新思考事物或产品功能以获得新思想的思维方法。例如，早期焦化厂在焦化过程中将大量气体排放到大气中，后来有人提议为了人类的福祉对天然气进行再利用。于是，人们开始尝试收集天然气，并取得了成功。这也使人们在焦化时获得更清洁的能源，节省了能源并净化了大气。这是造功能思维法的结果。

（六）思维方向逆转法

思维方向逆转法指的是改变思维方向并接受新思想的一种方法。在现实思维的过程中，思维方向的逆转往往会带来与事物发展方向相关的事物本质、功能和作用的一系列变化，并产生意想不到的效果。

三、逆向思维在服装设计中的应用

在时装设计中，逆向思维的应用往往会打破传统思维，给服装带来新的时尚和潮流。从时装发展史来看，时装潮流往往受逆向思维的影响，必须颠倒事物的原则已经多次以服装的方式得到验证。

在当今的时装设计中，这种思维方式的使用更为常见：在精致的长袜上刻意切割出洞；衣服的接缝是刻意在衣服的表面上制作出来的；牛仔短裤的口袋故意暴露在裤子外面；将裤长做短；将材质差异较大的面料相组合；等等。许多大师级别的时装设计师在逆向思维设计方面都非常成功。日本设计师川久保玲就擅长从对立要素里寻求组合，她的思路和灵感时常不同，会从各个角度来考虑设计，有时从造型，有时从色彩，有时从表现方法和着装方式，有时有意无视原型，有时根据原型，但又故意打破这个原型，总之是逆思维的。

个性强烈、独特的法国设计师香奈儿在一战后推出了一款下装为裤装的针织女式套装，这个做法无异于平地惊雷。因为在当时，尤其是在正式场合，女士穿裤装被认为是非常叛逆的。当时上流社会名媛淑女的浮夸、虚荣、相互攀比的风气令香奈儿深恶痛绝。为此，她设计出仿钻石的珠宝首饰，美丽但不昂贵，她要让那些女子"为自己没有一件香奈儿的仿真首饰参加舞会而哭泣"。这无疑对于传统的贵夫人形象来说充满了反叛与革命精神。这种逆向思维在圣·罗兰、三宅一生等设计大师的作品中屡屡得到运用，并对女装的发展起着不可估量的作用。圣·罗兰减少了男女之间在服装上的差异，将简约优雅的女性裤装引入时尚的主流，当时的"吸烟装"惊世骇俗，充分反映了圣·罗兰的反叛精神。

第六节　发散思维与收敛思维

一、发散思维

（一）发散思维的概念

发散思维是在思考的过程中，从一个主题开始进行思考，并以不同的方式思考，以获得更多、更新、更独特的想法或解决方案。它的特点是思维广阔，和多维度，要求人们摆脱现有的知识和经验，不要遵循惯例，要寻求变异，不太考虑思考结果的质量。

发散思维主要解决思维目标定向问题，即思维的方向。它在创新思维活动中起着不可替代的作用，为思维活动指明了方向。发散性是创造性思维最重要的特征之一，也是衡量创造力的主要指标之一。具有不同思维习惯的人在考虑问题时通常更灵活，他可以从多个角度或层面观察问题并寻求解决问题的方法。

（二）发散思维的特征

1. 流畅性

流畅性是不同思想数量的指标，它指的是在短时间内对给定数量的信息作出响应的能力。一个人在特定时间表达的东西越多，思想的流动性就越好。

在创造性活动中，首先需要概念流畅性来产生许多新的想法。

2. 变通性

变通性，也被称为灵活性，意味着思维有多个方向，不受集合的约束和限制。当思维遇到困难时，它可以适应形势及时调整思维方式，可以多方向分散，从而提出更多方案并产生非凡的新想法。

3. 独创性

独创性是指思维的独特性，以及人们在思维中产生不同寻常的"奇思妙想"的能力。这种能力可使人们按照不同寻常的思路展开思维，打破常规知识和经验枷锁的束缚，得到标新立异的思维成果。独创性要求思维具有超乎寻常的新异成分，因此它可以更好地代表发散思维的本质。

简言之，真正有创造性的发散思维应该兼具是流畅性、变通性、独创性这三者的。在大量思想流畅性的基础上，不断变换着思维的方向，最终得到独特的成果。因此，流畅性是基础，变通性是条件，独创性是目标。

（三）发散思维在服装设计中的应用

时装设计中的发散思维是基于一件事物，然后提出每一个可能的概念并寻求各种解决方案。它是自由和任意的，同时也是一个连续的、渐进的过程。发散思维往往具有一个思维中心，它可以是一个创造性的主题或是其他东西。它从中心点辐射，思想辐射的点经常有很大的跳跃性。

二、收敛思维

（一）收敛思维的概念

收敛思维又称"聚合思维""求同思维""辐集思维"或"集中思维"，其特点是使思维始终集中于同一方向，考虑实现该目标的多种可能的途径，使思维简明化、条理化、规律化、逻辑化。收敛思维与发散思维，如同"一枚钱币的两面"，是对立的统一，具有互补性，不可偏废。

（二）收敛思维的特征

来自各个方向的知识和信息指向同一个目标（问题），目的是通过分析、比较、综合推理和论证各种相关和不同的程序来找到最佳答案。

1. 聚焦法

聚焦的方法是反复思考问题，有时甚至停顿下来，以集中和聚集原始思维，形成纵向垂直深度和强大的思维渗透力，思考解决问题的具体方向，形成一定的量的积累后，最终实现质的飞跃，顺利解决问题。

2. 连续性

发散性思维过程是一个想法与另一个想法之间没有联系，是一种非连续性的跳跃式思维方式。收敛思维以相反的方式进行形成一个环，具有很强的连续性。

3. 求实性

由发散思维产生的许多想法或方案通常是不成熟和不切实际的，因此在实际中必须筛选发散思维的结果，而收敛思维在这种情况下通常可以起到这种筛选作用。选择的想法或计划是基于实际标准的，并且应该是切实可行的。通过这种方式，收敛思维表现出了强烈的求实性。

（三）收敛思维在服装设计中的应用

在发散思维产生各种想法后，有必要从面料的可行性、时尚性和需求性等方面进行综合思考，最终制定并确认一个成熟的设计方案。

在发散思维时，设计师的头脑中可以有各种各样的信息和想法汇聚在一起，有合理的和不合理的、正确的和荒谬的，所以这些信息和想法可能是混乱的。只有在每次鉴定和筛选后才能获得正确的结论。此时，有必要将发散思维与收敛思维相结合，集中挑选几个可行的实践思路，进行补充、修正，并持续深度整合，逐步理清思路。收敛思维也被称为集中思维，它以发散思维为基础，筛选、评判和确认发散思维提出的各种想法。它的核心是选择，因此选择也是一种创造。

第五章　从服装构成要素到创意设计

对于一件完整的服装来说，构成要素主要包括廓型、细节、结构、面料、色彩与图案等方面，在进行服装创意设计时，可以从某一个或某几个构成要素切入。例如，菲利林（Phillip lim）2016秋冬作品，分别以图案、细节（领）、面料为突破点来表达主题思想。2016年秋冬季，Baja East的概念性作品，具有结构性的廓型与剪裁，这些能够真正推动时尚向前发展的东西，也是这次时装秀的创意所在。

第一节　以廓型为突破点

一、服装廓型概述

服装轮廓是在人体的基础上形成的。由于身体部位的强调和覆盖范围不同，因此产生了不同的廓型。在服装设计中，常以法国时装设计大师迪奥推出的字母型用于命名服装廓型，如X型、T型、O型、H型、V型、Y型、A型等。

（一）X廓型

X廓型的服装强调腰部的收紧，并与肩和臀部造型形成对比。这种类型具有明显的女性身体曲线特征，给人以一种女性化含蓄、优雅的感受。X廓型被广泛应用于女性服装设计中，如迪奥2013春夏女装，就是一种典型的X廓型。

（二）T廓型

T廓型的服装肩部平直，至腰、臀、摆部呈直线状，具有坚定、独立、平稳之感。例如，穆勒（Mugler）2012秋冬作品肩部造型宽阔而平直，表现出一种T廓型的力量感，给予服装强烈的视觉冲击力，具有权威性和丰富的内涵。

（三）O廓型

O廓型服装的特点通常是溜肩设计，不收腰且多夸大腰部围度、下摆略收，整个外形呈弧线状，饱满、圆润、充实、柔和。例如，在巴黎世家（Balenciaga）2015秋冬时装作品使用的就是O廓型，以此传达出放松、舒适的着装状态。

（四）H廓型

H廓型服装的肩部、腰部和臀部的围度几乎接近一致，不收腰、不放摆，掩盖了人体腰身的曲线特点，整体呈现顺直、流畅的造型，给人以修长、舒展的视觉感受。例如，Etudes 2015春夏男装系列和Coloros 2015春夏时装作品，笔直的外形线简洁而干练。

（五）V廓型

V廓型的服装上宽下窄，具有横向夸张的肩部，至腰、臀、摆部才缓慢收紧，整体个性鲜明，带有锋利、运动的特点，常用于男装及夸张肩部设计的时尚女装中。

（六）Y廓型

在服装设计过程中，Y廓型与V廓型在造型上的相同之处为肩部的横向扩张，而不同之处在于Y廓型从胸、腰、臀至摆部呈H状，具有有张力、耐人寻味的设计特点，常应用于时尚女装和创意女装设计中。曼尼（Marni）2015春夏作品和瑞克·欧文斯（Rick Owens）2011/2012秋冬作品，都运用了Y廓型表达设计理念。

（七）A廓型

A廓型和V廓型在造型特征上正好相反：肩或胸部合体，由此向下至下摆逐渐展开，形状如字母A，给人以一种稳定、活泼、锐利和崇高之感。

轮廓是服装造型的基础，廓型的塑造将直接影响服装的整体视觉效果。因此，以廓型为突破点进行创意制作，是服装创意设计的有效途径。

二、廓型创意设计

廓型设计通常是对迪奥所创造的字母型廓型的直接运用或设计一些象形的廓型，如郁金香花型、钟型等，这种设计通常适合对廓型概念化、简单化构思的表达。除此之外，许多设计也需要对廓型进行突破性、创意性的表达。

（一）修饰人体自然美的廓型设计

服装的基本功能之一是修饰，从而体现人体的自然美。服装是人体外在美的表现，虽然美的造型是通过人体来表达的，但更重要的是用造型来修饰与美化人体。人体各个部位的构成都有一定的比例关系，如身长与中腰位、身长与臀位、膝位与中腰位、手臂长与身长、肩位与颈长、脚踝与胫骨等一系列的纵向比例关系，以及肩宽、胸围、腰围、臀围、四肢围等相互之间的横向比例关系等，它们直接影响着服装造型对人体美的表现。服装廓型不仅可以强调人体优美的曲线与协调的比例，比例不协调、线条不优美的人体也可以通过廓型来掩盖和修饰。

与标准女性身体相比，整体轮廓以正面匀称的漏斗型和侧面流畅的S型作为审美标准，局部以柔美的肩线、丰满圆润的胸型与臀型、纤细的四肢和颀长的颈部为评价美的标准。因此，为了修饰人体，通常会选择体现温婉自然美的A型轮廓、细腰丰臀曲线美的S型轮廓，以及反映女性本色美的X型轮廓。

对于男性的标准体态，整体轮廓以上宽下窄的倒三角形为审美标准，局部以宽阔的肩膀、强壮的胸廓、结实的臀部、健硕的四肢为美。在廓型设计中，常采用T型、H型来表现，分别应用H型和T型表达男性的力量与阳刚之气。

（二）对基本廓型的强调与夸张

服装不仅可以表达人体的自然美，还经常被用来强调和夸张人体的局部部位，创造出强烈的视觉对比效果。例如，如果强调收腰的廓型设计，可以在腰部进行极致的收腰处理，同时利用对比关系放大肩、胸、臀、下摆的廓型，形成一个夸张的创意X廓型。像时装周的一些作品一样，它们都是以X廓型为原型，对肩部和臀及下摆进行了夸张处理。这种通过各种不同的局部夸张，与收紧的腰部形成强烈对比，视觉效果醒目而强烈，女性身体的特征更加明显。

以此类推，其他基本廓型设计也可以根据人体的特点遵循对比原则，进行局部强调与夸张处理，形成新的创意廓型。

（三）廓型的组合应用

在廓型创意设计中，可以直接应用或放大特定的某一种廓型，也可以组合多个廓型，从而突破单一廓型的造型特点生成新的外廓型，使服装形态更加丰富多变，更好地满足设计师对设计理念的表达，适应服装潮流的变化趋势。如果将A廓型与H廓型组合应用，能够产生较好的服装外轮廓收放关系，在统一中体现变化，廓型感清晰。

（四）用细节塑造廓型

创意的廓型设计可以从整体轮廓上考虑，也可以通过局部细节的设计来塑造，从而产生视觉上的收放和张弛的效果。廓型创意的细节可以是服装的任何一部分，但前提是必须遵循平衡、协调、统一和韵律来体现服装的整体美观。一些设计通过左侧服装线条创造出清晰的轮廓；而有些作品则通过对肩部的造型设计形成了独特的服装轮廓。

（五）"离开"人体的廓型设计

服装以人体为基准，但服装廓型也不完全依照人体的自然形态来塑造。在设计过程中，通过填充物和结构设计等手段制作，使服装"离开"人体的造型，即在人体上再创造出另外一个型，表达出对服装与人体关系的不同理解。这个"离开"可以是在服装包裹人体的基础上，夸大某个部位的造型，形成"离开"人体的空间量，塑造出创造性的廓型。服装不同程度地在局部"离开"人体，改变传统的廓型并形成新的廓型，使服装具有极强的量感和饱满度。"离开"还可以有另一种可能，即它不以包裹人体为条件，而以人体作为一个支撑面或依托面，与人体形成一个独立的空间，在人之上服装局部呈现出离开人体的状态，引人注目。

第二节 以细节为突破点

细节设计是服装创意设计的重要突破点，体现在服装的衣领、衣袖、口袋、门襟、下摆、设计元素等多个方面。

一、从衣领切入

衣领是一种覆盖人体颈部的服装部件，它对颈部起保护作用，同时有突出颈部美感、修饰面部的作用。衣领位于人们视觉范围内的敏感部位，是上衣设计的重点。

衣领的类型有很多，一般分为无领、立领、翻领及创意领型。

（一）无领与创意设计

无领是一种没有领身，只有领圈的领型。无领主要包括一字领、V字领、圆领、方领等，结构相对简单，但不同的领圈形状、装饰、工艺对服装造型的视觉效果影响却很大。

1. 领圈形态

领圈的宽度、深度、形状和角度会发生变化，以领圈变化为创意出发点，强调领圈形状设计的变化，设计点突出。

2. 领圈装饰

领圈装饰有贴边、绣花、镂空、拼色、加褶等手法，利用绣花和镂空来加强装饰的变化，既实用又美观。

3. 领圈开衩

领圈开衩通常是一般功能所需要的。领圈比较大的领型可以没有开衩设计，若领圈较小且面料没有弹性，则必须设置开衩，以便衣服可以自由穿脱。所以，开衩也可以是无领创意设计的一个方面，如开衩的形态、制作工艺等。

（二）立领与创意设计

立领，指衣领呈直立状态的领型，防风保暖的功能极强。立领的创意设计思路有以下几点。

1. 领下口线变化

立领下面的领下口线，即领片与衣身领窝缝合的下缘线。一般来说，领窝弧线与领下口线是吻合的，领下口线的变化是由领窝弧线的变化所引导的，因此在造型上，领下口线的状态取决于领窝弧线的状态。相对于围绕颈根围的基础领窝弧线来说，变化领窝弧线可以有加宽、加深、改变形态等几个方面。在一些服装作品设计中，领窝弧线横向扩展，而有些是不对称的领窝弧线，均形成远离颈部的开阔型立领。此外，它还可以通过将立领与翻领和其他类型的领子相结合，设计创意感十足。

2. 领片造型变化

领片是立领的主体，变化空间也较大。首先，可以改变领片上口线的形状，如弧线型、直线型、折线型、不对称型、不规则型等；其次，可以改变领片的形态，如增加或降低高度、平面与立体、直立形态等。

3. 开口变化

立领造型的设计是为了穿脱方便，开口设计通常在前中或其他部位进行。开口的位置及造型也是立领创意设计的重要元素。开口位置可以设计在侧身、后身、前身等围绕颈部的任何位置；开口的扣合形式有多种，如不扣合、拉链扣合、纽扣扣合、系带扣合等方式。

（三）翻领与创意设计

翻领是指翻在底领外侧的领片造型。翻领造型中的底领通常处于直立状态，这与立领相似。因此，底领的设计思路可以参考立领的设计思路，以下将重点分析翻领部分的创意设计思路。

1. 领口变化

翻领领口的造型形状由底领的上口线和翻领的上口线共同决定的。领口的造型可以在横向、纵向、形状等方面进行创意变化设计。例如，具有横向开口大的一字型翻领、纵向开口比较深的V型翻领，以及开口为U型、圆型等的翻领。

2. 翻领领片变化

翻领的领片是翻领创意造型的主要设计点，可以变宽、变窄、变大、变形状、变数量及是否对称等。例如，在一些服装设计作品中，分别通过加宽领片、领片抽褶、不对称领片的设计来实现整体、和谐、美观的视觉效果。

3. 开口变化

开口有前开、侧开、后开等位置的变化，还有系扣、拉链、系带等不同扣合方式的设计与选择。

（四）翻驳领与创意设计

翻驳领是指有翻领和驳头的领型，通常称为西装领。翻驳领是一种开放型衣领，通风、透气，应用范围较广。翻驳领创意设计思路主要有以下几点。

1. 翻领设计

翻驳领的翻领造型设计思路可以参考上述翻领的思路。

2. 驳头设计

驳头可加宽、变窄、拉长、改变外形，可以与翻领片连接，也可以不连接，还可以增加驳头数量、改变串口线的位置等。例如，在有些设计作品中，增加了驳头的数量、改变了驳头的形状，以强调驳头变化为创意点。

3. 翻驳点设计

翻驳点也称为驳口点，其位置决定了翻驳领的领深。翻驳点设计的垂直位置最高可以高出颈侧点，最低时可低至服装的下摆线，水平位置可以在衣身的任意位置，因此翻折点的设计非常灵活。

4. 串口线设计

串口线是连接翻领和驳头的共用造型线，其位置、角度、长度等因素都是可供创意设计选择的。

如果没有串口线，即翻领与驳头完全连在一起，习惯上称其为青果领，其创意设计思路可以参考前三点。

（五）创意衣领设计

上面介绍的各种衣领类型是最基本和最常用的衣领构成形式。虽然每种基本领型都可以衍生变化设计出许多全新的领型，但它仍然不能囊括全部衣领的创意设计，却可以依据已经存在的常规领型进行创新设计和自由创意设计，设计出一些没有名称或"不像衣领"的衣领。

创意衣领的设计思路灵活，没有太多的框架限制，可以就衣领的造型进行创意性变化设计，也可以从衣领与衣身、肩袖等之间的关系入手进行创意设计。例如，有两个完全不一样的作品，它们不属于基础衣领中的哪一种领型，但却是衣领的设计，这就是一种创意领型的设计。

二、从衣袖切入

衣袖是上装面积较大的构成要素，富有创意的衣袖变化对上装的整体造型有较大的影响。当把衣袖作为进行创意设计的突破点时，同样需要了解与把握衣袖创意设计的思路与方法。

（一）无袖与创意设计

无袖造型体现在服装上是由袖窿弧线来完成的，所以袖窿弧线的造型就是无袖的造型。

1. 改变基础袖窿弧线的位置、形状

基本的袖窿弧线是围绕臂根围，并从肩峰处露出整个手臂的造型。改变袖窿弧线的位置与形状可呈现出造型各异的无袖创意设计。

2. 结合衣领或衣身设计改变袖窿弧线

通过对衣领或衣身的设计，形成无袖的创意袖窿线。通过衣领和衣身的巧妙结合，产生了别致的袖窿弧线造型，完成无袖的创意设计。

（二）装袖与创意设计

装袖是根据人体肩部和手臂的结构关系而设计成符合肩部造型的合体袖型，最具有立体感。它由袖窿、袖山、袖身、袖口组成。装袖是袖子设计中应用最广泛的袖型，也是创意设计空间最大的袖型。

1. 袖口创意设计

袖口是袖身下口的边沿部位，可以从袖口的大小、位置、造型、工艺、装饰等方面进行创意设计。例如，一些设计作品以袖口设计为切入点，采用开衩工艺增加袖口围度；还有一些，服装的创意点是由夸张袖口翻边的造型形成的。

2. 袖身创意设计

袖身是袖子包裹手臂的主体部分，创意设计可以通过袖身轮廓、分割、装饰等方面进行。

3. 袖山创意设计

从衣袖造型上来说，袖山指袖片上部突出并与衣身处相缝合的部位。在袖山造型中，袖山弧线与袖窿弧线是一种相互制约和补充的对位关系，因此在袖山的创意设计理念中，可以改变袖窿弧线与袖山弧线的位置与形态、附加装饰、工艺处理等，以创建不同造型的袖山。

袖山是衣袖与衣身连接的部位，对服装穿着的舒适性、功能性等起着至关重要的作用，所以袖山的创意设计在考虑造型的同时，要兼顾功能性与舒适性。

（三）插肩袖与创意设计

插肩袖是一种与衣身在肩部相连的衣袖。它通常用于休闲外套、大衣、针织服装中。标志性符号就是有插肩线，这也是插肩袖创意设计的关键点之一，袖口与袖身的创意设计类似于装袖。在某些设计师的作品中，将插肩线移位于前中线与侧缝线上，创造出极具新意的插肩袖造型。

（四）连袖与创意设计

连袖是衣袖与衣身相连的造型，也是我国服装的一种常用形式。由于连袖的造型弱化了衣袖与衣身的结构关系，因此它通常较为宽松。在连袖的创意设计中，它们较少受到人类活动的限制，因此设计空间较为自由与宽阔。

（五）衣袖的综合创意设计

袖子分为不同类型，每种类型也有不同的构成元素。在服装创意设计中，可以针对某个特定类型和元素进行创意设计，也可以将几种袖型及构成元素结合起来进行创意设计。例如，本哈德·威荷姆（Bernhard Willhelm）的2016春夏作品，衣袖的设计就融入了袖山、袖身、袖口及袖型的创意设计。

三、以其他细节切入

（一）口袋

口袋是服装的重要元素，可以作为服装创意设计的突破点。口袋的创意设计可以考虑口袋自身的造型、口袋类别、口袋与衣身的结合关系等方面。例如，一些作品从袋位进行了创造性的突破，而一些作品则是将口袋融入衣身的结构设计中取得了创造性的进步。

（二）门襟

门襟指上装或裤子、裙子朝前正中的开襟或开缝、开衩部位。通常，门襟处要装拉链、纽扣、魔术贴等。门襟有全门襟和半门襟的区别，通常衬衫、夹克、西服、大衣等都是全门襟，T恤、裤子、裙子等都是半门襟。从工艺上分，门襟分为明门襟、暗门襟、假门襟。

门襟的创意设计有很多切入点，例如门襟的位置、形态、数量，纽扣的多少、形态、排列方式，门襟的扣合方式，等等。

（三）其他

除了口袋和门襟，服装的细节还包括下摆等设计元素，其中还包括褶裥和分隔线，配饰有腰带、扣样、装饰等，这些细节均可以作为服装创意设计的切入点和表达设计意图的创意点。

在服装的创意设计中，可以侧重一个方面，比如口袋、袖口、门襟等部位，不仅可以表现出少即是多的创意，还可以在几个方面综合运用实现创意设计。例如，一些作品从衣领、门襟、袖口、纽扣、下摆几个部位进行了综合创意设计。

第三节　以结构为突破点

服装结构设计是指根据服装造型设计确定的服装轮廓和细节的造型，并结合人体尺寸进行量化分析、转化和分解为平面的衣片，体现出衣片的数量、形状和衣片之间的吻合关系等。服装结构设计过程反映的是服装立体形态与平面图形态之间的关系。服装结构设计有两个功能：第一，服装结构设计是将服装的款式图比较准确、合理地进行实物转化的关键环节；第二，是服装结构设计作为服装构成要素之一，也可以是服装创意设计的切入点。本节重点分析后者。

以服装结构设计为出发点，根据服装功能和造型审美进行服装创意设计，可以从以下几个方面考虑。

一、延伸结构图中的结构线形成新的细节造型

（一）拓展延伸结构图中的结构线，形成新的创意细节设计点

延长服装结构图中的一条或多条原有结构线，在保留原有细节的同时形成新的细节，可以对原有款式进行有设计感的点缀、加强和创新。以中山装的结构创意设计为例，在传统中山装结构图基础上，将胸袋盖外缘线分别进行横向和纵向的延长，在保留原有袋盖造型的同时，形成了不同形态的过肩造型。

经过有效的分割设计，在满足结构变化设计的同时，为工艺设计和面料设计，如面料拼接等提供了支持，丰富了设计的可能性。

（二）延伸结构图中的结构线，与其他细节产生关联，形成新的结构创意设计点

改变或延长服装中原有的一条或几条结构线，同时与其他细节进行良好的连接，既不失功能性，还会产生新的创意。例如，在保留中山装传统气质的基础上，延长中山装胸袋的某条基础结构线，分别与大袋产生关联，形成一个新的视觉点；再如，将传统男衬衫的过肩，在结构图中进行不同程度的下移，与原有的胸袋产生关联，同样形成新的结构创意设计点，改变了传统的过肩设计，使细节设计与服装整体融合得更加巧妙。同样的思路可以在各类款式风格的服装结构图上，进行符合设计需要的任意细节之间的关联，将过肩与胸袋、插肩袖进行关联设计。

（三）延伸结构图中的结构线改变其位置或造型，形成新的结构创意设计点

比如，将中山装的门襟、胸袋的袋盖作延伸和移位，同样将衬衫的胸袋的袋盖做变化设计，形成新的细节设计点。

二、延伸结构图中的截片形成新的造型

将纵向公主线分割后的衣身侧片在横向分割线处向下延伸，与口袋的造

型产生关联。延长连衣裙中公主线形成的衣片，分别在胸袋位与腰节位进行折返，构成口袋袋盖与腰带袢，形成具有新意的细节设计。

三、移动结构图上的衣片形成新的造型

在服装结构图上移动服装某一个衣片，以产生错位效果并形成新的造型。例如，将连衣裙侧裙片在断腰部位向下平移4 cm，形成镂空效果的新造型。

四、缩短结构线形成新的造型

比如，将中山装前衣身下摆部分缩短，与原有口袋的口袋布形成带有层次感的新造型。

五、综合运用各种思路形成更有创意的新造型

在应用以上思路形成的造型基础上，再创造出更新的造型，并以此类推。

思路和方法的举例是有限的，在实例的指导下的选择与结果是无限的。它不仅可以改变单个结构元素进行创意设计，还可以利用多个结构元素联合变换。但无论怎样变换，都要做到元素与元素之间、结构线与结构线之间巧妙地结合，以便既具有装饰性又具有功能性。

从服装结构设计为切入点的创意设计，是丰富服装创意设计思维的一个很好的途径。虽然思维是自由变换的，但并不是盲目的，因为创意应该是一种有目的、有尝试、有愿景的思考。

第四节　以面料为突破点

当今时代下，探索服装的创意设计已经超越了色彩和质感，进入了注重触觉的时代。在服装创意设计过程中，面料的选择和创新是非常重要的。人们

对服装的需求不仅在于外观，更在于它的质感。

以面料作为创意服装设计的突破转折点时，创意的焦点就是面料，这无疑需要对面料进行创意性的思考、创新与应用。创意即具有新意，即摒弃或改变常规的思路。

一、选用非服用材质进行创意设计

非服用材料是指非纱线纺织而成的布料，是一些我们日常生活中可见的但不会应用于服装生产的材料。例如，奶油、纸张、金属、塑料、玻璃、气球等材料，这些将在后面详细讨论。同时，非服用材料大多以尖锐、锋利、易碎裂、易折断等特性存在，而这些特性与我们日常生活中所穿着服装的柔软特性是截然相反的。创意服装设计必须根据材料的特定属性、服装设计的创意主题及特定技术对材料的特殊处理来选择不同的材料。例如，塑料制品可以通过加热使其具有一定的可变形性；坚硬的纸板可以通过镂空雕刻的方法使其具有图案，并确保图案具有一定的美感和创意服装具有可穿脱性。创意服装的焦点不再是日常服装的视觉表现，而是设计师对新设计理念的表达，是有一定舞台张力的服装表现，体现了多元化设计理念和设计文化。在设计过程中，应尽量选用原生态的材料进行创意设计，对服装进行分解后，依据美感重新进行排列组合，使服装更具完整性的表达。

（一）塑料材质

塑料自身带有区别于其他材质的一定特性，如透明性、硬挺、反光、易塑形等。塑料材料经常被用于服装设计创意中，以表达环保、未来、高科技和梦想等。但在实际应用中，由于塑料本身容易变形、起皱、尺寸不稳定等，使用起来限制较多，所以需要采用特殊的工艺与手段进行处理。

（二）纸张

在日常生活中，经常使用的纸张有牛皮纸、锡箔纸、打印纸、报纸、皱纹纸、拷贝纸、硫酸纸、卫生纸、宣纸、箱板纸等。这些纸张或柔软细腻，或粗糙硬挺，或光滑明亮，具有各自不同的特性，它们在创意服装设计过程中具有很强的塑造性。在某些服装作品中，分别选用了报纸、卫生纸、硫酸纸、铜版纸作为面料，结合各种工艺来展示服装的魅力。

（三）金属材质

金属光泽独特、质地坚硬、风格冷峻、具有力量感，是概念性创意服装可选的材料之一。由于其特殊的材料性能，在服装创意应用中，多采用锻造、切割、焊接、打孔等方式进行设计制作。

（四）天然材质

在服装设计和制作的过程中，天然材质也是服装材料的良好选择。例如：羽毛质地轻盈、色彩华丽、触感温暖；有不同形式的树叶和花瓣，其色彩和香味丰富；木材、树皮纹理清晰、质感坚实、色泽古朴；等等。天然材质具有天然美丽的花纹、赏心悦目的色彩、触及心灵的肌理和造型，使得服装本身有不可比拟的审美效果。例如，在一些服装创意设计作品中，以羽毛、树叶、花朵、木材作为服装面料的突破点，以反映服装的创意性。

（五）生活用品

生活中的任何物品都可以作为服装面料创意的来源，只要拥有一双善于发现美的眼睛和灵活的思维，敢于突破、尝试，创意的灵感就会源源不断地涌现。例如，气球、便笺、勺子、叉子、玩具等，都可以作为创意面料的元素。这些作品一经面世，常常会带给人耳目一新的感觉。

（六）废物利用

从环境保护和可持续发展方面来看，考虑废物的再利用与再设计也是一个服装创意的新方向，具有很高的价值，也是未来发展的趋势。这种方法是将废弃物品直接纳入设计策略，形成零浪费的可持续时装设计，能够在创作的同时保护环境。例如，利用报废汽车的安全带制作手包，利用裁剪剩余的布料、废旧衣服、矿泉水瓶、物品包装等进行服装创意设计，以减少浪费及对环境的负面影响。

除了上述非服用材料，还有很多材料在生活中可以利用，如玻璃、橡胶、水果、蔬菜、电子产品等。只要有创造性思维，使用哪种材料都能展示出惊人的效果。非服用材料在创意服装设计中起着不可或缺的作用，具有广阔的创意空间。在设计过程中，需要特殊的制作工艺与思路来实现服装的造型，这也需要我们一步一步地发现和创新。

二、对服用材质的再创造

服装用材质的再创造是指根据设计要求对面料进行二次加工，即对成品面料进行二次工艺处理，使之产生新的艺术效果。它是设计师思维的延伸，具有无与伦比的创新性。材质再设计的方法有很多，可以利用现有成熟的工艺与方法进行再造，也可以根据自己的设计需要与灵感进行前所未有的再造。常用方法包括以下几方面。

（一）皱褶与重叠

1.皱褶

皱褶指服装面料中常用的肌理效果，其呈现形式有规律皱褶、自然皱褶等。其中采用的工艺也很多，如抽缩、折叠、熨烫、第缝、系扎等，表现服装的或厚重或轻盈的量感、质感与廓形。

2.重叠

面料的重叠，指把几种不同质感或色彩的面料进行叠加、重合，形成一种重重叠叠、互渗互透、虚实相间的别样效果，使服装产生层次感、丰满感和重量感。常见的面料重叠设计手法有透明面料的重叠、不透明面料的重叠、透明面料与不透明面料的重叠等。

（二）破坏与重塑

1.破坏

破坏是指面料的减法创意设计的常用形式，即将完整的形态有意识地加以破坏、分割，对事物的注意力则会因常态的消失而受到冲击。破坏是通过减缺、分割、解构重组的方式形成作品残缺、不完整的形态，使观者在这种图形信息的传播过程中，形成视觉上的紧张感与冲突感，这种有意识地破坏追求反向的审美趣味，从而使人形成独特的视觉感受。破坏的再造手法有火烧、腐蚀、镂空、雕刻、剪切、抽纱等。

2.重塑

重塑是指通过破坏、解构、编织、包装、堆叠、缝制等方式，将原有面料织物的外观或组织结构进行重新塑造与组合，使面料呈现出一种立体感。

（三）其他

服装材料的再造方法有很多。除上述方法外，我们还可以通过刺绣、镶嵌、填充等多种工艺手段赋予面料新的风格。只要在改造前对面料进行充分的理解和分析，根据设计要求拓展思路，进行创意性思考与尝试，就可以获得各种不同的表现手法与艺术性外观。经过长期的不断发展和完善，这些再造技术逐渐形成了独特的创意思维和艺术魅力。

总之，服装材质的再创造是当今服装界非常流行的一种方法，它使许多材料大放异彩，具有独特的人文价值。更重要的是它打破了原有的束缚，激发了人们的创造力，为服装设计的创造性展示了一种新的表达方式，为现代服装艺术设计的发展提供了更广阔的空间。

第五节　以图案与色彩为突破点

色彩和图案在服装创意设计中起着主导作用，它以其不可替代的性质传达着不同的视觉语言、释放着不同的情感。同时，它也具有传情达意的交流作用。在服装创意设计过程中，我们不应仅关注单一色彩的运用，还需要关注图案的设计与运用。

一、以图案为突破点

图案的设计来源可以是生活中的任何东西，如广阔的星空、浩瀚的海洋、蜿蜒起伏的山脉等。我们在运用这些素材时，并不直接运用它们，而是用艺术手段创造出符合现代审美趣味甚至更前卫的图案纹样，令人眼前一亮。

以图案为突破点的创意设计，可以选择现成的图片直接应用到服装上，也可以采用将图案局部截取或者局部放大、缩小、打破重组等手段，赋予图案以新的内涵和灵魂，增强服装的创意性。还有些设计作品分别以特殊视角将海浪、沙漠与天空、山脉作为图案的来源，通过分解与重组强调图案在服装上的创意点。

二、以色彩为突破点

　　色彩是服装创意设计中不可缺少的要素之一，服装色彩在一定程度上影响着服装的创意性。不同的色彩表现出不同的情感。例如，明亮的黄色可以给人一种愉快的感觉，使人随时随地感受活跃的气氛，活力十足；烈焰红色令人冲破一切束缚，自由翱翔；深青苔色，这种绿色既像蓝又像绿，是在池塘中提取的颜色，深绿泛乌有光泽，明度较低，具有稳定、厚重的色彩感。

　　借鉴素材，提炼素材的色彩关系，选择色彩配比，通过对色彩运用、搭配，达到服装整体设计的与众不同。

　　运用色彩原理进行服装色彩搭配，也是通过色彩表达服装创意的一个有效途径。色彩原理包含色相、明度、纯度、面积、冷暖等，设计师在创作过程中运用色相与明度关系及色相与面积关系，吸引人们的眼球，达到创意设计的目的。

　　服装图案与色彩的美感是通过人们的审美心理和视觉来感知的，再经过大脑的加工，产生美的联想，最后审美者得到了服装的美感体验，同时将对美的认识在服装上释放。因此，把握服装图案与色彩创意的思路，除了采用应有的原则与技巧，重点还在于设计师对自身美感与情操的培养与陶冶。

第六章　服装创意设计

第一节　服装创意设计的灵感来源

在进行创意设计时，对灵感的挖掘和开发是具有创新意识的设计师非常关注的方面。当服装设计师有了灵感，创意就会出现，从而设计出新颖的造型和款式。

灵感是人们思维过程中认识飞跃的心理现象，一种新的思路突然产生。灵感是不可预测的，但它可以被捕捉。通过观察和分析与设计本身不相干的事物，创作的敏感性捕捉到了设计灵感，这种灵感多以记忆中保存的某些信息为基础，因此要在日常生活中长期积累；同时，它也可以在与解决设计问题相关的信息作用下，通过联想而达到由此及彼、触类旁通地解决问题的目的；还可以在与解决问题有关的语言的提示和启发下，产生新思想、新观点、新假设、新方法。因此，灵感需要设计师主动地寻找，从有形到无形，世间万物都可以是设计灵感的源泉。灵感素材的获取可以从以下几个方面入手。

一、源于历史服装的灵感

在漫长的人类历史中有许多典型的历史服装，从原始人类的兽皮着装，到古希腊和古罗马时期的披挂、悬垂式的丘尼卡、希顿、希玛纯及托加袍等，再到文艺复兴时期的切口服装、填充式服装，以及洛可可时期繁复、华丽的服装，最后到新古典主义时期宁静、精致的衬裙式连衣裙……这些历史服饰都是我们从设计中汲取灵感的宝贵资源。不同时期的服装反映了不同的民族、文化、审美意识和制作工艺。历史服装中有许多值得借鉴的细节，任何一种造型、图案、衣褶，都可能使设计师受到启发和获得灵感，从而将其变成符合现代审美要求的创作素材。

二、源于传统文化的灵感

传统文化就是文明演化而汇集成的一种反映民族特质和风貌的民族文化，它是一个民族历史上各种思想文化和观念形态的总体表征。世界各地的所有民族都有自己的传统文化。例如中国的传统文化包括诗、词、曲、赋、民族音乐、民族戏剧、国画、书法、对联、灯谜、射覆游戏、酒令、歇后语等。设计师要深入挖掘传统文化元素，分析其造型、色彩构成、图案、工艺手段等，继承并汲取其精髓，从而以其为灵感运用于服装设计作品中。

例如，在2014年Evening秋冬女装秀上展出的作品中，通过展出的一系列设计，表达了中国传统五禽戏与现代精致生活中之间的微妙联系。设计师有感于古人在五禽戏中模仿动物的动作时惟妙惟肖的质朴幽默和人本身蕴藏的动物性，或敏感，或威猛，或沉稳，或轻灵，这些作品设计中表现出来的弧线拼接与线条模仿了古人运动时划过的轨迹，将练习五禽戏的古人形态设计成叠加的图案。通过古人修炼动而静的智慧，结合现代人在一天的二十四小时、日月交换之中不同作息、不同场合的着装进行设计。这一系列设计将现代都市与传统文化相结合，将人的外表形象与思想意识相结合，表达了虽忙碌，但却不失精致和趣味的生活状态。

2014年Vivienne Tam秋冬季时装展览的展览作品，以中国古代敦煌洞穴壁画、表达古典艺术与历史情节的丰富色彩为设计来源。这些作品不仅体现了现代设计理念，而且也折射出本民族的审美价值取向和历史文化特征，充分展示了传统文化理念与现代设计紧密结合的艺术魅力。

三、源于文化艺术的灵感

文化是一个群体（可以是国家，也可以是民族、企业、家庭等）在一定时期内形成的思想、理念、行为、风俗、习惯、代表人物，以及由这个群体整体意识所辐射出来的一切活动。艺术是社会意识形态的一种，是人类实践活动的一种形式，也是人类把握世界的一种方式。艺术家按照美的规律塑造艺术形象，以人为关注中心，对社会生活作出感性与理性、情感与认识、个性与共性相统一的反应，他们将创造性的生活与表现情感结合起来，并用语言、音调、色彩、线条等手段将形象物质和外观发展成为客观存在的审美对象。形象性与审美性是艺术作品最突出的特征，包括文学、绘画、雕塑、建筑、音乐、舞蹈、戏剧、电影、曲艺、工艺等。由于文化艺术与服装的流行和发展有不解之缘，因此，服装也被称为"凝固的音乐""流动的建筑""绚丽的绘画""变幻的电影"等。

文化艺术形式带给我们或原始，或经典，或超前的理念和视觉经验，正是这种对时尚设计最有益的补充，使我们的设计充满原始艺术的张力和激情，从而唤起人们对美的共鸣和欣赏。例如，普拉达（Prada）2011秋冬作品应用了蒙德里安的画作，使三种色调变暗，虽然明艳不足但却显得贵气非凡，并带来了更多的艺术与设计间的碰撞。又如，Holly Fulton2014秋冬系列作品的灵感来自吉加·维尔托夫（Dziga Vertov）1929年的电影《持摄影机的人》，如淡蓝色大衣的数码感印花好似齿轮的图样，而一些细节则受到了德国电影导演弗里兹·朗（Fritz Lang）的经典作品《大都会》的宣言标志图形的启发，阐释了20世纪50年代俄国构成主义的主题。

四、源于社会生活的灵感

服装是社会生活的一面镜子，其设计风格的呈现也反映了特定历史时期的社会和文化动态。人们生活在现实社会环境中，任何社会变革都会给人们留下深刻的印象。社会文化新思潮、社会运动新动向、体育运动、流行时尚及重要节日、大型庆典活动等，都不同程度地传递着一种时尚信息，影响不同行业和不同阶层的人，同时也为设计师提供创作元素。敏感的设计师就会捕捉到这种新思潮、新动向、新观念、新时尚，并推出符合时代特点、时尚流行的服装。

五、源于自然生态的灵感

人类生存的外部世界同样为设计师提供了丰富的设计素材。自然生态千变万化并蕴含了丰富的物产，如山川、海洋、天空、动物、植物和其他自然景观。而所有一切自然景物的造型、色彩、质感、肌理等都是设计师可以借鉴、联想、转化和应用的，它们是激发服装设计师创作灵感的重要来源。

将自然景物的造型、色彩、肌理、图案纹样运用在服装设计中，是设计师对于生活中美好事物的情感表达，使设计的服装形象生动、富有亲和力，具有非常突出的视觉效果。例如，自然界各种姿态的蝴蝶总是以五彩斑斓的形象示人，使人们对大自然的美丽和神秘充满无限遐想与憧憬。因此，服装设计中经常有以蝴蝶的色彩或造型为灵感来源的设计，它们通常更多地用于高举时装的肩部和胸部，给人视觉上以较强的动感、亲切感和更多的趣味性。

六、源于科学技术的灵感

科技的进步给服装设计带来了无限的创作空间和新的设计理念。高科技、网络技术和新型纺织面料的应用开辟了设计思路，也可以说是科学创造了时尚。服装设计师必须时刻关注科技的动态发展，才能使自身的设计跟上时代潮流，满足大众的需要。现在从很多服装设计作品中都能看到科学技术元素。由科学技术激发的设计灵感主要表现在以下两个方面。

①通过服装表达对未来的想象。这类服装通常都具有很强的设计感，带有强烈的未来主义倾向。

②运用高科技的新型面料和加工技术。科技的发展为设计师提供了广阔的创意空间，尤其是各种充满想象力的新材料。

七、源于服装作品及其流行趋势的灵感

服装设计凝聚着设计师独特的才能、高超的设计能力和对设计理念的深入研究，体现了设计师领先的设计意识和开拓性的设计风格，这或多或少会为

我们带来创新设计的灵感。例如，安德烈·库雷热（Andre Courreges）最初创造的"太空时代"时装，裙装和裤装都是线条笔直、锐利、棱角分明的，并带有明显的中性风格，这种精致的审美取向已经成为库雷热的签名式设计，并迅速传遍整个时装设计界。

服装流行趋势不但引导服装文化、服装产业、服装生活的流行概念，也使其设计元素在社会中广泛传播开来。受时尚潮流的启发，设计的服装不仅具有创新的服装主题和强烈的视觉审美效果，还可以为时尚流行提供前沿的时尚信息，引导大众的审美方向，满足大家对时尚的需求。同时，设计师可以在解读和浏览流行趋势资料和图像时产生灵感和创造力。例如，在某些作品创作的过程中，通过分析面料、色彩、款式、配饰的流行趋势，以其为灵感来源，从中提炼出自己的设计方案，完成系列男装与女装的创意设计。

第二节　灵感元素在服装创意设计中的应用

在寻找到灵感来源渠道、灵感素材之后，接下来是解决灵感元素在服装创意设计中的如何应用的问题。应用过程包括灵感板、灵感元素的提取与拓展、灵感元素应用等几个环节。

一、灵感板

灵感板，即在前期大量搜集素材的基础上，把符合设计定位的素材图片按需粘贴在一张完整的展板上，使其成为进行服装创意设计的一个非常重要的设计风格和设计方向的引导，从而有助于设计师对前期工作进一步深入梳理与归纳。灵感板根据设计需要可以包括主题、廓型、面料、色彩与图案等。灵感板的制作不仅是粘贴素材，也涉及排版、版面协调等问题，是考查设计师综合能力的一种手段。例如，在某个服装设计专业学生的作品中，他以"憋古"为主题，表现了人们在生存压力下的紧张与急躁。通过相关资料的寻找与收集，分析整理出主题灵感板、廓型灵感板、面料灵感板、色彩灵感板，清晰了最终设计作品的造型、细节、元素等。而在另外一个学生的作品中，以白鸽为灵感素材，以白鸽圣洁美好的形象，传达出对自然、对人类社会相生相息的"希翼"。在设计过程中，分别制作了主题、色彩、设计说明灵感板，为终稿的实现提供了依据。

二、灵感元素提取与拓展

从灵感素材中提取具体的设计元素，可能是提取素材的外形或者肌理、色彩、线条、排列组合及变形等，只要眼睛能看到或者感觉到的都可以提取。对于同一个素材，不同的设计师提取元素的切入点会有所不同，这与个人的审美、价值观、对设计的认识有很大关系。同时，这也体现出不同个体的个性特征，而这正是进行创意设计所需要的。

在此阶段，需要把从素材中提取的设计元素转化成草图，并加以文字说明。这个环节一般会以手稿的形式出现，而且根据设计者不同的进展情况，手稿会或多或少，当然也不排除一气呵成的设计。

三、灵感元素应用

针对提取的元素及手稿，进行系列创意设计的应用。不同的设计师应用的角度也不同，同一位设计师对不同的款式与目的也会有不同的切入点。例如，同一位设计师分别以梯田、火山作为元素进行创作。他在对梯田这一灵感元素分析、提取、拓展的基础上，进行创意应用；而在进行以火山为灵感元素应用在服装设计中时，将其形、色及色的配比关系在服装上做了创意体现。

归纳起来，应用灵感元素，我们可以从服装构成的要素进行考虑。一般来说，服装构成要素包括服装廓型、细节、结构、面料、色彩和图案及工艺等，在对提取元素的应用过程中，我们可以将灵感元素转化并应用于服装的这些方面。

第三节　服装设计的构思方法

一、仿生

仿生学是服装设计的一个重要概念和构思方法。在服装设计中，它是一种根据仿生对象的外形、色彩、意境等元素进行构思设计的方法。我们既可以模拟仿生对象的某一部分，也可以模拟仿生对象的整体形象，通过特定的服装语言使之异质同化。

自然界的万事万物有很多非常优美的造型和不可思议的形态，在进行构思设计时，我们既可以对仿生对象的造型、色彩、图案、肌理特征进行直接具象的模仿或借鉴，也可以对其内在神韵和基本特征进行抽象的演绎。例如，以荷叶为灵感，将荷叶的造型直接或间接地运用于服装中，模仿荷叶边缘的弯曲不平、起伏的形态，表现在服装的袖口、裙摆等部位上，表现层叠起伏的外观。仿生的关键是不要生搬硬套，一定要灵活运用，既要与服装的基本性质相结合，又要与设计风格相协调，还要与时尚流行同步，避免造成视觉上和感觉上的生硬感、混乱感。

二、联想

联想是一种线性思维方式，是由一种事物想到另一种事物的构思方法，联想是拓展形象思维的好方法。服装设计中的联想是以某一个意念为出发点，展开相关的连续想象，在一连串的联想过程中找到自己最需要的、又最适用于设计的某一点，以获得最佳的服装款式造型。联想被用于服装设计主要是为了寻找新的设计题材，拓宽设计思路。由于每个人审美情趣、文化素质和艺术修养不同，因此即使是对同一事物展开联想，设计结果往往也会不同。

三、借鉴

借鉴在于有选择地吸收和整合特定事物的某些特征，形成一种新的设计方法。在设计构思过程中，服装设计师学习大师的优秀设计作品、历史服装、民间艺术、建筑、绘画或一些工艺处理技巧，以及某种工艺加工手法等，从中概括特征、提取设计元素，进行扩展或延伸设计。例如，以我国民间皮影戏为灵感，借鉴和提取其中关键的造型、色彩及装饰元素进行设计构思，转化成服装设计中的结构、造型、色彩等，并加以重新组构，使设计作品具有很强的民族性和艺术感染力。

借鉴还可以是服装之间的借鉴，如不同功能、不同场合、不同风格、不同材料的服装之间的相互借鉴，也可以是借鉴其他事物中具体的形、色、质、意境及其组合。借鉴有两种方式：一是对事物进行照搬，将事物的造型、色彩、图案等样式直接借鉴到新的设计中，有时会获得巧妙生动的设计效果；二是将事物的某一特点借鉴过来，用到新的设计中，这是一种有取舍的借鉴，或借鉴造型，或借鉴材质，或借鉴工艺手法，等等。

第四节　服装创意设计过程

一、设计元素提炼与方法

我们的设计步骤通常从灵感和材料搜集开始，然后从感性材料中提取有价值的部分，通过归纳整理形成设计主题，再经过文化调研了解相关文化和背景知识，同时搜集大量的图片资料。此时可能会面临这样一个问题：图片中的影像资料依然与服装设计相去甚远，甚至风马牛不相及。因此，下一个迫切需要解决的问题是如何利用现有的图片材料为服装设计服务，并将不相干的他物与服装设计联系起来。

（一）图像设计元素的提取

在搜集与设计主题相关的资料图片后，直接开始画设计稿也许并不是最明智的选择，会令我们陷入照搬图案或缺乏思考的困境之中，最终流于形式。那么，对于手头的图片和图像应如何处理呢？这里需要进行的一个重要步骤，就是设计元素的提取。

设计元素提炼是一个取其精华、去其糟粕的过程，是提取归纳的过程，也可以是演绎重组的过程。总体来说，是思考和体会的过程。

元素提炼的过程和结果没有标准模式，每个人的思想、审美、感受、着眼点不一样，所选择和提取出的形式也不完全相同。如何进行元素提取，下面的步骤也许可以提供一些帮助。

1. 观察与分析

运用感性思维，首先对图像资料进行观察和体会，在这个过程中会有很多意向性的感受，保留这些感受，它会为下一步的提取提供方向和依据。接着用理性的思维分析图像数据，思考自己被它打动的东西是其色彩、图案还是构成规律。

2. 选择性观看

在观察和分析的基础上，对于前面希望保留并确定想要提取的对象进行选择性观看。在这个环节，应注意不要被图片中的名称概念所带来的惯性思维所束缚。我们所要做的就是将注意力聚焦，只观看最感兴趣的部分，将它提取出来，绘制到草稿本上，其他的部分则可以放弃。得到的部分会形成新的形式或图案，这就是下一步设计的原材料。

3. 重组

更进一步处理设计元素的方式是主观地对其进行排列和重组，可以将之前的设计元素看作独立的个体单位，重新对它们进行复制、打散、排列和重构，这样会得到更丰富的形式和元素。

（二）色彩设计元素的提取

色彩在艺术创作中有着举足轻重的作用，色彩与形式互为依附、相辅相成。色彩不仅能给人丰富的视觉感受，还能让人产生独特的情感联想，例如：红色是象征爱情的颜色，但也象征仇恨；绿色代表生命力和活力；蓝色代表深邃、忧郁；黑色代表庄重，也象征悲伤……19世纪60年代印象派的画家从画室走到室外，发现了阳光和色彩之间的秘密，在他们的画面上，保留了不同光线下，色彩的微妙变化及丰富而细腻的灰色调。在服装领域，色彩同样发挥着巨大的作用，通过美好的色彩搭配，可以使人产生愉悦的视觉感受，同时也会影响人们的心理并产生积极的作用。

可以说，对色彩的敏感和驾驭能力应该是一位成熟的设计师必备的重要能力。最终设计师的设计都将面临市场的考验，在购物行为中，服装的色彩对消费者来说是非常重要的，并将决定他们是否会继续下一步的挑选与购买。在创意服装设计中，色彩的搭配与选择也同样至关重要，它是第一眼的观感和视觉表现。既然色彩如此重要，我们有必要进行相关的训练，尽可能掌握其基本原理，如色彩和光线的关系、色相，以及能正确指出某个色彩在纯度环和明度环上所处的位置等，并能自如地运用色彩，了解色彩明度搭配八大调、有彩色与无彩色的搭配、互补色搭配、相似色搭配等最基础的色彩应用。

但是，仅仅进行基础训练是不够的，在色彩世界中，具体应用时，往往具有感性的特征。比如，红色降调，降到什么灰度更令人愉悦，这需要依靠色感来调和；同样，黄绿色相间各占多少比例更合适，这也要靠色感来指导。所以，在真正的搭配和应用中，更多的是依靠个人的色彩修养，但色彩修养从何而来呢？笔者相信，艺术家所掌握和知晓的色彩肯定比医生要多得多，养成这种对色彩的掌控能力需要积累。从小的艺术陶冶将色彩和审美内化为本能，在以后的应用中必然具有优势。而对于我们自身来说又如何去培养色彩修养并能自如地应用呢？以下的训练手段也许会提供一些帮助。

1. 赏析训练

对于设计师自身来说，应该在社会中积极寻找和积累色彩的视觉感受。对艺术流派的了解和作品的熟悉是很必要的，不管它是传统的还是现代的，东方的还是西方的，要在赏析的过程中培养自身色彩修养。印象派作品中色彩的丰富与细腻，野兽派画作中色彩的浓烈与大胆，后期印象派作品中色彩对情感和情绪的抒写与表达，立体主义与冷抽象作品中对色彩的归纳……这些都值得我们学习，通过对成熟的色彩作品的赏析能快速积累色彩体验。除此之外，还要多看社会生活中具有美好色彩的事物，如自然界的花卉、蝴蝶，以及生活中的物品、历史物品等。最终这些积累会内化为设计师身体的一部分，在具体应用的那一天发挥作用。

2. 情感训练

在现实生活中，色彩与人类的情感或情绪之间存在着某种必然的联系，如色彩领域中"色感"一词，就是直接来源于人类对色彩的冷暖感知，甚至某些色彩就能指代某种既定的情感或感受。比如，热情总是让人联想到红色、悲伤让人们联想到黑色、忧郁让人们联想到灰色等。而同一色相中，微妙的变化也能带来心理或情绪上巨大的不同，例如粉红色总是跟人类的情爱有关，偏暖的粉红让人感觉愉悦甜蜜，象征着美好的爱情；可偏冷的粉红（如多调和一些紫罗兰色）却多用于"特殊"场所，在情感意义上与甜蜜的爱情相去甚远。对于设计师来说，合理有效地利用色彩的情感联系也是色彩运用能力中非常重要的一课。在日常生活中，可以做一些有趣的色彩情感训练，可以尝试用色彩表达情感或情绪，也可以在听完一首乐曲或看过一部电影以后尝试用色彩及色彩的搭配来叙述情节。通过色彩语言转换情绪或感受，我们会惊喜地发现在纸面上呈现的画面如此美妙，这将是一个有趣的过程，充满宣泄和创造的快感，绘画者也会巧妙地运用色彩来表达不同的情感。

3. 提取训练

做色彩提取训练的时候最好使用水粉颜料，因为它的色相比水彩更准确，又不像彩色铅笔或马克笔那样不容易调和。在做提取之前，先寻找色彩目标，可以是一幅现成的艺术作品，也可以是自然或社会生活中某一类物体。我们需要做的就是将其中的色彩提取并以色条或色块的方式准确地还原到另一张白纸上，形成关于某个主题的色彩概念板，也称色彩主题板。这样的训练积累到一定的量以后，我们对色彩的体会进一步增强，并且可以为下一步的设计积累素材。

（三）造型设计元素的提取

服装的结构和造型是服装语言系统中非常重要的部分，它是形式、色彩、分割等元素所依附的对象。但很多时候，我们都从图纸出发，过多留恋于平面的图形形式而忽略了立体的空间造型，忽视了服装造型、与面料与人体之间的关系。

作为一个设计师，应掌握基础裁剪技能，在此基础上多收集和关注优秀的服装设计款式。从服装的造型来说，可大致分为外部廓型和内部构造，外部廓型是设计师在设计过程中首要考虑的部分。常用的服装外部廓型有上小下大的A型、突出肩部的V型、视觉焦点集中于中部的O型、最具女性化色彩的X型及最无性别差异的H型等。而整个西方的服装发展史也是服装廓型流变的历史，例如：古希腊、古罗马时期的悬垂披挂式服装所形成的H型，中世纪以后由拉夫领、紧身胸衣和裙撑所构建的X型，20世纪60年代朋克们用垫肩、超短裙所打造的I型，等等。在设计之前，对常用的外部廓型进行梳理并选择性地运用于一个系列中，可使系列服装在外轮廓上具备较好的节奏感。

对于内部构造来说，它并不是游离于外部廓型独立存在的，恰恰相反的是，内部的构造和造型变化会引起和带动外部廓型的变化。如何设计结构的内部构造呢？可以尝试基本的省道线及省道的转移。以结构线为基础，对面料进行分割或加量，可以做结构上的变化。此外，还可以利用面料本身的特性，悬垂、叠加、牵拉、堆砌，塑造立体的造型。

优秀的结构作品是很好的学习对象，大量收集和分析训练是很有必要的，在分析、研究成熟作品结构的基础上，可以尝试着在人台上还原一些精彩的部分，并用相机或者速写本记录下来。这样的训练应该长期坚持，会对服装结构的设计起到很大的帮助作用。

二、设计元素的转化方式

从原始的资料图片中提炼出我们感兴趣的设计元素，它们可能是一些图案、好看的色彩组合、某种构成规律、一些肌理效果等。

在这个时候，我们的草稿本会派上大用场，先将提炼出的设计元素罗列在上面，尝试用不同的绘画材料表现，或是在此基础上再进行图案的重构或重组。此时，我们的脑海中就会浮现出一些服装细节和片段。这些感受或许就是某一设计元素所引发的直接或间接的联想——图案在服装上的摆放、类似的面料的质感、某种材料后处理之后的相近效果等。这些先期的感觉和意向非常重要，或许会成为下一步设计的指引。

除感性的感受之外，在下一步的设计过程中需要进行的是理性的转化。存在于草稿本纸面上的图画为我们提供了线索和材料。不过在这个时候，元素依然是元素，离最终的服装设计方案还有一段距离，那么将平面的元素转化为服装语言，令设计能够呈现就非常重要了。如何进行设计元素的转化呢？以下步骤或许能提供一些帮助。

（一）设计元素转化为图案

提取他物的图案直接用到服装之中是最简单和直接的办法。在这样的转化中，着重点在于发现美的图案，如现成的建筑局部、民族服饰上的纹样、图腾、雕塑、窗花剪纸等。

更深入的方式则是对对象进行再处理——图案重构。有很多方法可以重构图案，常见的方法有：按照自定义的顺序重新排列元素，使其形成新的形式；将元素进一步打散，交换顺序之后得到新的形式；分析元素图案的构成规律，按此规律重新演绎绘制新的形式，自由发挥；用几何形对原有元素图案进行归纳；等等。

（二）设计元素转化为结构与工艺

美好的图案或形式也需要通过某种途径呈现在服装上，那么结构工艺手段就是其实现的途径。常用结构工艺转化手段如下。

1.印染

印染就是通过丝网印刷或其他媒介将图案体现在面料上，这是最直接的转化方式。

2.分割线

在服装设计作品中出现的分割线，除了省道线、结构线，还有装饰线，这也是设计元素得以在服装上实现的常用途径。如果在实现装饰线的同时能巧妙地利用省道线的转移或依托结构线做些变化，最后的效果会更好。

3.拼接

采用拼接的手法，能将某些形式运用于服装上，还能实现多种材料和质感的整合。

4.镂空

镂空的手法类似于雕塑中的透雕，能实现多层次和丰富性，达到较好的视觉效果。

5. 填充

与镂空相对应的转换手法是填充，通过增加填充物使面料突出于表面，拓展了服装外部的空间，增加了立体感和雕塑感。

6. 破坏

破坏是一种非常有趣的转换手法。对材料的破坏能带来某种特别的视觉效果。日本设计师三宅一生就曾与我国艺术家蔡国强合作，在服装上撒上火药引爆，爆炸之后形成特别的图案与纹理，形成偶然和随机的美。

破坏的工艺手段有很多，如灼烧、撕裂、剪切、拉扯等，可以随机破坏，也可以有意为之，通过破坏的效果转化出设计形式和图案。

7. 穿插

运用穿插的手法同样可以获得复合的层次感。通过这种方式不但可以实现各种图案或形式，而且还可以尝试一些有创意性的结构设计。

8. 悬垂

通过悬垂的手法，可以实现从线条到图案或形式的转换，这样的手法独具特色，呈现出特有的律动感和垂坠效果。

9. 重构

重构的手法在服装设计中屡屡出现，通常是将传统的服装结构进行解构，再利用解构之后的形态进行重新组织与安排，营造出新的视觉形式。而这些新的视觉形式，因为保留了常规的结构部分，所以常常会让人有错愕感和新鲜感。

10. 堆砌

堆砌手法在创意服装设计中主要有两方面的应用。一方面，可以是多种设计元素的并置，由此带来丰富的视觉效果；另一方面，则是单一设计元素的大量重复与堆砌，从而带来视觉上的体量感、雕塑感和造型感。

11. 层次处理

在创意服装设计中，通过对层次的营造可以达到较好的视觉效果，可以进行多种材质的重叠及材质间的面积对比，这是一种比较常用的设计元素转化方法。

总之，设计师应当从设计元素中找到如何处理结构与工艺的灵感和依据，尤其是设计元素中的形式图案，往往可以和服装的结构线、款式变化或面料结合起来，成为设计探索的依据。

三、服装设计中的形式

如何安排设计元素，使得它们能在服装上呈现出较好的视觉效果，这涉及形式的问题。服装表面每一个部分、环节都有比例、大小、秩序、节奏、强弱等关系，如何有效地进行安排和协调，是我们在做设计的时候需要重点考虑的。对形式的安排与推敲，将直接影响设计的呈现形式，优秀的形式安排会带来良好的视觉效果。

（一）常用的服装形式

1. 中心焦点

中心焦点这是一种比较具有冲击力的形式安排，将设计元素置于中心部位，形成视觉焦点，能在第一时间吸引眼球。采用这种形式时，往往伴随发散、辐射等辅助的形式安排，以增强视觉效果。

2. 发散和重复

发散和重复都是能快速增强视觉感受的形式安排，特别是规律的排列能使人产生强烈的形式感。

3. 对称

对称的形式安排能产生平衡的美感。对称的形式有很多种，如中心对称、上下翻转对称、旋转对称等。对称的形式在建筑设计领域体现得比较多。采用对称的形式，由于造型均衡，能使人产生内心的稳定感。

4. 秩序

按照一定的方式进行安排，会令人产生秩序感。秩序可分为两类：有规律的秩序和不规律的秩序。前者是按照某种方式进行顺序排列，能增强其形式感，获得规律的美感。后者则是打破固有的秩序，另辟蹊径，以求获得无序所带来的独特美感。应注意，所谓的无序其实也是很有讲究的，因为打乱了顺序，所以更要讲究其中的对比关系，力求从不平衡之中寻求平衡的形式美。

（二）服装形式中的关系

1. 虚实关系的应用

正所谓艺术只有形式的区别，其中的审美法则、构成规律、思想内涵都可以是相同的。虚实关系在绘画艺术、雕塑艺术、影视艺术中被广泛应用。在绘画作品中，对整个画面的把控涉及虚实安排；在雕塑作品中，需要通过虚实关系衬托主要部分；在影视作品中，每一个镜头语言都是一幅完整的画面，而影视情节上线性的发展则需要通过虚实安排来表现，增加节奏感；在服装领域，精妙的服装结构与无结构设计之间是最能体现虚实关系的，如刻意人为与无意、放松的设计存在虚实对比关系。

2. 对比关系的应用

对比是一切艺术形式通用的手法，如果能运用好对比关系，那么在视觉表现上就能处于积极主动的位置——随时保持建立对比关系的意识，将有助于增强作品的形式美感，从而提升视觉效果、优化设计。

常见的对比关系有：色彩对比、面积对比、材料对比、疏密对比等。

色彩对比通常包含有彩色和无彩色的对比、对比色之间的对比等，以产生强烈的视觉效果。面积对比则涉及比例关系，在服装设计中不仅应考虑面积的大小，还应考虑相互之间的比例。若面积相等，会产生重复、均等的节奏感；若面积不等，则产生视觉上的相互关联和对比，加强面积大小的对比关系，会有效增强视觉效果。材料对比则是通过不同质感的材料并置，达到冲突或强烈的对比。疏密对比在服装设计中的应用同样广泛，可以表现在面料的皱褶、服装的分割、装饰物的安排等细节里。在传统国画中，同样讲究疏密关系，比如笔触与留白在画面上形成的反差，浓墨重彩与轻描淡写也是疏密关系的一个表现，而在画法上讲究"密时密不透风，疏时疏可走马"，这是强调通过加大疏密对比来增强视觉美感的重要性，在服装设计中也是同样的道理，合理的疏密关系将是增强视觉效果的制胜法宝。形状对比往往存在于造型款式、服饰配件、服装分割线等方面。

四、服装造型创意

大部分时候我们习惯于用纸笔开始我们的设计，再根据图纸利用平面裁剪或是立体裁剪完成服装的板型和样衣的制作。但在这个过程中往往会产生图纸和实物之间的一些落差：有时候图纸的二维表达看起来很丰富，但在真正实施的时候却发现在三维的人台上效果不尽如人意，这既源于设计者经验的欠缺，也体现了图纸表达存在某种局限。毕竟人体是360度全面的展示，设计时不得不考虑到前后左右、静态与动态的关系。

另外，有些造型很难在脑海中想象出来，如面料皱褶带来的造型变化，省道转移或是加量所带来的服装结构、层次和廓型的变化。

所以，在确定设计方向之后及图纸绘制之前，做一些造型训练是非常有必要的，这可以让我们具备三维的概念，并且熟悉面料的特性。训练可以从基础板型开始，尝试省道变化带来的新的造型，也可以增加附加结构或加量，让设计能有更多的尝试空间。还可以通过立体裁剪，利用人体周围的空间去塑造面料，体会面料的皱褶、牵扯、悬垂、叠加等带来的感受。

在设计时，应随时用速写本或相机记录下人台上的造型，因为我们常常在不经意间就会做出非常出色的造型创意，并在设计之中有效地运用它们。

五、服装创意设计过程中的基本步骤

（一）确定设计主题

在开始一组服装设计前，首先，要确定的就是主题。主题是一个系列构思的设计思想，也是创意作品的核心。灵感是确定设计主题的重要来源，变幻无穷的自然万物、悠久的服装发展历史、绚烂多姿的民族文化、日新月异的现代科技、瞬息万变的时尚流行、丰富多彩的姊妹艺术等，都为设计师提供了源源不断的设计灵感。当设计师搜集了一定的灵感资料后，应该学会对它们进行梳理、提炼，以确定设计主题。从积累的素材中选取最感兴趣、最能激发创作热情的元素进行构思。当启发灵感的切入点明朗化、题材形象化，与主题相关的图片与关键词逐渐清晰时，系列主题就会凸显出来。例如，从中华传统文化艺术中衍生出来的"书之魄""青花瓷"等主题，从自然生态植物的素材中衍生出来的"蝶恋"主题，从科学技术中衍生出来的"银河之遐想"主题，等等。

（二）研究流行趋势

设计主题与灵感只是服装创意设计的第一步，如何赋予它们新的含义和流行感，才是创意设计的意义所在。在服装创意设计前期对当前的流行趋势和流行元素进行收集整理、分析研究是非常必要的。流行趋势可以来自市场、发布会、展览会、流行资讯机构、专业的杂志及互联网等，其信息包括最新的设计师作品、大量的布料信息、流行色、销售市场信息、科技成果、消费者的消费意识、文化动态及艺术流派等。

进行流行趋势研究时，要留意资料中有关廓型、比例和服装穿着方式的图片信息，寻找造型和服装组合的灵感，将关键要点做笔记，从资料中收集关键词，这能为服装的款式、细部和装饰设计提供更多的灵感；分析趋向性的时装发布，使自己的设计理念与流行同步；研究最受欢迎的品牌设计师，如当季和过季的发布作品，思考为何这些服装能够流行。所有的这些工作在设计中都会起到重要的参考和借鉴作用。

（三）制作主题板

确定了主题并搜集了足够的图片资料后，就要对思路和图像进行整理。当我们将想法理顺，有了清楚的思路，设计就会变得简单得多。优秀的主题板就像桥梁，可以将我们顺利导入设计之中。

制作主题板就是搜集各种与主题相关的图片，对它们进行研究、筛选，注意将研究素材和流行意象及趋势预测结合起来，将这些选好的图片粘贴在一块大板上，同时选择一组能再现主题的色彩系列一起放在画板上，以便一眼就能看出这些设计的演变趋势。主题板的制作并没有固定的模式和规范，有的复杂，有的简单，在制作过程中可以从情绪的表达、设计气氛的烘托、色彩的来源、材质或廓形的参考等几个方面去考虑。例如，灵感来源于海洋，就要将一切搜集到的与海洋相关的素材进行提炼，并选择自己想要传达的主题，可以是具象到海洋中的某一生物，也可以是人们通过海洋表达的情绪，还可以扩展到海洋的过度开发和污染……将与此主题相关的图片结合流行趋势进行提炼，制作出主题板，其中包括灵感来源、色彩、设计元素等。

（四）提取与转化设计元素

提取设计元素的方法就是仔细观察和分析图片资料，将自己最感兴趣的部分提取出来，绘制到草稿本上，它们可能是一些图案、肌理效果、色彩组合或造型等。

图案设计元素提取与转化最直接和简单的办法就是提取他物的图案，直接用到服装之中；更深入的方式则是对他们进行打散、重构，将新的图案设计元素再转化到服装之中。例如，英国著名的服装设计师麦昆，就是把女性与海洋哺乳动物相融合，把精心处理的海洋爬行动物印花贯穿整个服装设计，产生梦幻般的色彩效果。造型设计元素的提取与转化就是将事物的形态通过模仿的方法运用到服装造型设计中，可以是服装整体造型上的模仿，也可以是局部的运用，可以直接采用它的形态，也可以将其形态加以变化，添加服装需要的元素，进行进一步加工和处理，用不同的造型方法设计具有美感的作品。

（五）设计草图

设计草图主要是用来表现设计者对服装款式的初步构想，需要在速写本上快速表现款式的特点，画的时候不用受任何的约束，尽可能地将想到的设计点展现在纸上。为了节省时间，草图可以不用上色，也可以画一些大概的配色和图案。从草图到正稿的过程是一个不断调整和修改的过程。在这个过程中，也可以将色彩、面料小样和制作的局部工艺设计实样粘贴在草稿本上，检验设计构思的可行性，为款式的确定做好准备。

（六）确定设计稿

设计一个成熟的系列，需要绘制大量的草图。设计师要对草图进行审稿，通过修改和完善，绘制好效果图，最终定稿。成熟的设计图不仅可以展示系列作品的款式，也可以传达系列设计的意境。在画的时候要求比例清楚、结构清晰，让他人看了能够马上明白设计的意图。

（七）打版

打版即绘制服装平面纸样，在服装工艺中起着至关重要的作用。绘制纸样是设计稿绘制和工艺制作的衔接环节。服装纸样的设计有两种：平面纸样裁剪和立体纸样裁剪。它们的最终目标是取得平面纸样。

1. 平面制图

平面制图是将立体的服装款式造型，根据人体主要部位尺寸及其计算方法，运用制图工具及技术手段，按比例和步骤将服装结构分解，绘制成服装衣片和部件的平面制图的过程。服装平面制图一般有毛份制图、净份制图和缩小比例制图等形式。目前普遍使用的平面制图法有两种，即原型法和比例法。

2. 立体裁剪

立体裁剪是区别于服装平面制图的一种裁剪方式，是实现服装款式造型的重要手段之一。它是利用白坯布直接覆在人体模型上，通过分割、折叠等手法制作构思好的服装造型。在造型的同时剪掉多余的部分，并用大头针固定，在确定线的位置作标记，再从人台上取下坯布恢复成平面状态进行修正，并转化成服装纸样。

（八）制作坯样

版型是否准确合体，以及服装款式造型和其他设计细节是否可行，需要将白坯布立体剪裁制作成样衣进行检验。在人体或人体模型穿着的三维立体形态下观察效果，整理造型，调整尺寸，并用划粉或水笔作好修改标记，然后将立体检验过的坯样再展开成平面，按新的标记修正裁片缺陷，最后确定纸样。

（九）工艺制作

当获得满意的坯样并重新调整纸样后，就可以运用确定的面料开始制作服装。以下是服装工艺制作的大体过程。

第一，裁剪。为了减少浪费，在裁剪前要先根据样板绘制出排料图。将纸样放置于平铺的面料上，根据面料的大小，合理、有效地排列衣片，并对齐纸样与面料的经纬纵向，用划粉在面料上勾勒出衣片的纸样，裁剪衣片。

第二，缝制。缝制是服装制作的中心工序，将裁剪好的衣片按照一定的顺序车缝在一起，组成完整的服装。

第三，整烫。将服装熨烫平整，并运用归、拔、推等一系列整烫技巧塑造服装立体造型。

第四，试衣修正。工艺制作的最后一个环节，通过试穿找出服装各部分存在的问题，然后加以修正，以达到着装的最佳效果。

（十）总体完善

经过这一系列成衣的制作工序并完成后，最后仍需进行修正完善工作。从整体的角度审视系列设计中各个细节之间的关系是否和谐，包括恰当的造型、色彩和肌理的美感，精心处理的统一、主次、对比、节奏等审美关系，以及通过对系列服装的头饰、配饰、化妆等整体搭配的补充和完善，使总体效果更趋完美。

第五节　服装创意设计案例分析

本节将以"'纳'的记忆"主题设计为例来说明服装创意构思、设计的过程。

一、"'纳'的记忆"主题分析

这件作品的设计灵感来自潍坊地区的割绒鞋垫。它将割绒鞋底的纳绣、割绒裁剪等传统工艺与具有强烈现代感的几何图形相结合，并结合其他刺绣工艺进行重组，使服装设计作品具有强烈的民族性和艺术感染力。纳绣和割绒工艺是这一作品的主要特征，也是贯穿整个主题系列的元素。因此，设计师将主题的名称确定为"'纳'的记忆"。

"纳"是"纳绣"工艺语言的直接表达。"记忆"表达对传统民间工艺和技术的探索、学习、理解和记忆，以及对这些传统工艺和技术的保护和传承。同时，"记忆"也是借用"技艺"的谐音，是对传统的民间手工技艺的一种转述与表达。将割绒纳绣的技艺创新应用到服装设计中，并在设计和制作过程中留存和传承技艺所承载的视觉记忆、民风习俗、文化样态与个人情感，是对割绒鞋垫这种传统民间工艺的继承和发扬。

二、"'纳'的记忆"构思设计

从最初的构思、绘画设计草图到最后的成品，是需要经过反复斟酌和修改的。即使已经最终定稿，在打版和制作过程中也会根据需要做一些修改和处理。

在整个设计过程中，"'纳'的记忆"设计草图、面料选择和尝试，以及制作工艺生产等，都经历了多次实践和反复修改。设计的开始主要围绕着如何将割绒鞋垫中的"纳绣""割绒"工艺技法提炼出来，进行有效的改良和创新，经转化应用到创意服装中，使传统的民间手工艺与现代创意服装最大限度地融合。服装的款式设计主要考虑现代时尚与创意元素的结合。

（一）设计草图

概念构思设计的第一阶段。总体设计风格主要由礼服服装组成，主要是廓型收腰款式。传统的凤、鱼、鸟等图案风格可以通过服装正面的纳绣割绒工艺直接传达出风格特征。

概念构思设计的第二阶段。设计包括三套系列的长裙礼服，它们也都采用了收腰款式的廓型。三件礼服裙的上半部也都采用纳绣割绒工艺制作，由不同形状和尺寸的绣片叠加组成，其中纳绣绣片和割绒绣片交替穿插使用，不仅提高了服装的整体视觉效果，而且不失工艺的装饰性。

概念构思设计的第三阶段。最终设计定稿是一系列现代创意服装，由三套创意服装组成。这些风格都选用了修身的收腰款式廓型，每件衣服都辅以纳绣割绒制作完成的装饰纹样，辅以纳米刺绣和羊绒裁剪，或者是直接绣在衣片上，再将做好的绣片缝在衣服上。以纳绣割绒工艺技术完成的纹样，既不照搬割绒鞋垫的图案，也没有完全使用传统的吉祥图案，而是选择设计师设计的具有强烈现代感的几何纹样图案。几种几何纹样交织在一起穿插使用，以增强服装的整体感现代。同时，它也是对纳绣割绒纹样图案的创新应用。

（二）面料与色彩搭配

在这组设计作品中，白色的羊毛呢是最常用的材质。半透明欧根纱主要用作衣片的内搭，有时与少量真丝面料织物结合使用。不同面料的混搭可以突出整体设计的现代时尚气质。在设计制作过程中，羊毛呢和丝绸面料采用了纳绣割绒工艺技术的处理方式，使面料更具层次性和特色，更好地体现主题。几种面料间的组合形成软硬质感、透明与不透明、挺括与飘逸等方面的对比，展现出了服装整体造型的虚实关系。在配色方面，选择白色和红色作为主色进行搭配，以白色作为背景底色，红色作为刺绣线的颜色，两种颜色对比非常强烈。

参考文献

[1] 韩兰, 张缈. 服装创意设计 [M]. 北京: 中国纺织出版社, 2015.

[2] 王珉. 服装材料审美构成 [M]. 北京: 中国轻工业出版社, 2011.

[3] 徐亚平, 吴敬, 崔荣荣. 服装设计基础 [M]. 上海: 上海文化出版社, 2010.

[4] 华梅, 王春晓. 服饰与伦理 [M]. 北京: 中国时代经济出版社, 2010.

[5] 史林. 高级时装概论 [M]. 北京: 中国纺织出版社, 2002

[6] 胡小平. 现代服装设计创意与表现 [M]. 西安: 西安交通大学出版社, 2002.

[7] 张文辉, 王莉诗, 金艺. 服装设计流程详解 [M]. 上海: 东华大学出版社, 2014.

[8] 韩静, 张松鹤. 服装设计 [M]. 长春: 吉林美术出版社, 2004.

[9] 朱宁, 陈寒佳. 服装色彩与搭配 [M]. 合肥: 合肥工业大学出版社, 2015.

[10] 刘元风, 胡月. 服装艺术设计 [M]. 北京: 中国纺织出版社, 2006.

[11] 王受之. 世界服装史 [M]. 北京: 中国青年出版社, 2002.

[12] 杨静. 服装材料学 [M]. 北京: 高等教育出版社, 2007.

[13] 崔荣荣. 现代服装设计文化学 [M]. 上海: 中国纺织大学出版社, 2001.

[14] 徐良高. 中国民族文化源新探 [M]. 北京: 社会科学文献出版社, 1999.

[15] 肖琼琼, 肖宇强. 服装设计理论与实践 [M]. 合肥: 合肥工业大学出版社, 2014.

[16] 袁杰英. 中国历代服饰史 [M]. 北京: 高等教育出版社, 1994.

[17] 许星. 服饰配件艺术 [M]. 北京: 中国纺织出版社, 2015.

[18] 陈彬. 服装色彩设计 [M]. 上海: 东华大学出版社, 2010.

[19] 吴培秀. 人物形象设计 [M]. 重庆: 西南师范大学出版社, 2011.

[20] 沈从文. 中国古代服饰研究 [M]. 上海: 商务印书馆, 1981.

[21] 卞向阳, 张琪, 陈宝菊. 服装艺术判断 [M]. 上海: 东华大学出版社, 2006.

[22] 索格, 阿黛尔. 时装设计元素 [M]. 袁燕, 刘驰, 译. 北京: 中国纺织出版社, 2008.

[23] 黄能馥, 陈娟娟. 中国服饰史 [M] 上海: 上海人民出版社, 2004.

[24] 郑健. 服装设计学 [M]. 北京: 中国纺织出版社, 1999.

[25] 徐苏, 徐雪漫. 服装设计基础 [M]. 北京: 高等教育出版社, 2013.

[26] 迈耶. 视觉美学 [M]. 李祎, 周水涛, 译. 上海: 上海人民出版社, 1999.

[27] 郭琦, 修晓倜. 服装创意面料设计 [M]. 上海: 东华大学出版社, 2013.

[28] 肖宇强. 形象色彩设计 [M]. 合肥: 合肥工业大学出版社, 2017.

[29] 亓妍妍. 整体形象设计 [M]. 合肥: 合肥工业大学出版社, 2010.

[30] 陈坚林. 现代英语教学: 组织与管理 [M]. 上海: 上海外语教育出版社, 2000.

[31] 袁惠芬, 王竹君, 顾春华. 服装设计 [M]. 上海: 上海人民美术出版社, 2009.

[32] 包铭新, 吴绢. 解读时装 [M]. 上海: 学林出版社, 1999.

[33] 崔唯, 谭活能. 色彩构成 [M]. 北京: 中国纺织出版社, 2003.

[34] 黄元庆. 服装色彩学 [M]. 北京: 中国纺织出版社, 2010.

[35] 史林. 服装设计基础与创意 [M]. 北京: 中国纺织出版社, 2006.

[36] 戴文翠. 服装设计基础与创意 [M]. 北京: 中国纺织出版社有限公司, 2019.

[37] 郎家丽, 孙闻莺. 服装设计基础 [M]. 南京: 南京师范大学出版社, 2017.